全国高等院校计算机基础教育研究会项目建设教材
山东省精品资源共享课程配套教材

网络设备配置与管理

李永亮　贝太忠　魏秀丽　主编

電子工業出版社
Publishing House of Electronics Industry
北京 · BEIJING

内容简介

本书以华为设备为例，全面、系统地介绍了网络设备的基本知识及设备的配置、管理与应用等。主要内容包括 VLAN 的原理与配置，STP 及 MSTP 的配置，静态路由及其默认的配置，RIP 和 OSPF 协议的原理及配置，ACL、DHCP、PPP 与帧中继、VRRP、NAT 及 IPSec 的配置。本书注重原理讲解与实践应用的结合，依托华为模拟器 eNSP 精心设计了大量的实验案例，操作性较强，有助于读者迅速、全面地掌握相关知识与技能。

本书是为网络技术领域的入门者编写的，可以作为高职、高专院校计算机相关专业网络设备配置与管理课程的教材，也可作为网络系统集成工程技术人员的参考用书。

图书在版编目（CIP）数据

网络设备配置与管理/李永亮，贝太忠，魏秀丽主编. —北京：电子工业出版社，2019.11

ISBN 978-7-121-38105-8

Ⅰ. ①网…　Ⅱ. ①李…　②贝…　③魏…　Ⅲ. ①网络设备－配置－高等学校－教材　②网络设备－设备管理－高等学校－教材　Ⅳ. ①TN915.05

中国版本图书馆 CIP 数据核字（2019）第 270527 号

责任编辑：孟　宇
印　　刷：北京盛通商印快线网络科技有限公司
装　　订：北京盛通商印快线网络科技有限公司
出版发行：电子工业出版社
　　　　　北京市海淀区万寿路 173 信箱　　邮编：100036
开　　本：787×1092　1/16　印张：11.5　字数：287 千字
版　　次：2019 年 11 月第 1 版
印　　次：2022 年 7 月第 5 次印刷
定　　价：39.00 元

凡所购买电子工业出版社图书有缺损问题，请向购买书店调换。若书店售缺，请与本社发行部联系，联系及邮购电话：（010）88254888，88258888。

质量投诉请发邮件至 zlts@phei.com.cn，盗版侵权举报请发邮件至 dbqq@phei.com.cn。

本书咨询联系方式：mengyu@phei.com.cn。

前　言

本书是山东省精品资源共享课程“网络设备配置与管理”的配套教材，同时是2018年全国高等院校计算机基础教育研究会项目——基于一体化教学解决方案的课程建设研究与实践（2018-AFCEC-115）的建设教材。本课程教学团队中的教师具有丰富的教学经验，该教学团队是山东省省级优秀教学团队，并且主讲教师有多年的技能大赛指导经验，是山东省职业院校技能大赛“计算机网络应用”赛项一等奖指导教师。

本书在内容选取上紧紧围绕本专业核心能力培养的目标，按照网络管理员、网络工程师工作岗位的典型工作任务和网络设备调试员国家职业标准技能要求，参考 HCNA、HCNP 等企业认证要求，以应用为目的，以必需、够用为度，综合考虑对学生创新能力和可持续发展能力的培养，最终确定本书内容。同时以企业网组建真实案例为载体设置授课项目。

本书共 12 章，所有实验都是以 eNSP 作为实验工具进行设计的。

第 1 章：eNSP 与 VRP 基础操作。本章主要介绍华为模拟器 eNSP 软件的基本操作方法、华为 VRP 通用路由平台的基本操作方法及配置 Telnet 终端服务的操作实例。

第 2 章：交换机 VLAN 配置。本章介绍了 VLAN 的基本工作原理、VLAN 帧格式、VLAN 的链路类型及端口类型，给出了基于端口的 VLAN、VLAN Trunk、VLAN 聚合、单臂路由实现 VLAN 间通信的配置实例。

第 3 章：交换机 STP 配置。本章介绍了 STP 协议的基本概念及工作原理，详细介绍了 STP 的选举规则，给出了 MSTP 基础配置及 MSTP 保护功能的配置实例。

第 4 章：路由器基本配置。本章介绍了 IP 路由、路由表、路由管理策略及静态路由的基本概念，给出了路由器接口 IP 地址配置、静态路由和默认路由的配置实例。

第 5 章：RIP 配置。本章介绍了 RIP 协议的工作原理，给出了 RIP 协议的基本配置、水平分割、路由引入、路由过滤、路由聚合、认证、定时器等的配置实例。

第 6 章：OSPF 配置。本章介绍了 OSPF 协议的基本概念及工作原理，给出了 OSPF 的配置与优化、虚链路、安全认证、特殊区域等的配置实例。

第 7 章：ACL 配置。本章介绍了访问控制列表的分类及应用，给出了基本访问控制列表、高级访问控制列表及基于时间的访问控制列表的配置实例。

第 8 章：DHCP 配置。本章介绍了 DHCP 的基本概念和工作流程，讲解了 DHCP 及 DHCP 中继的配置，给出了 DHCP 及 DHCP 中继的配置实例。

第 9 章：PPP 与帧中继配置。本章介绍了 PPP 和帧中继的基础配置方法，给出了 PAP 验证、CHAP 验证和 MP 的配置实例。

第 10 章：VRRP 配置。本章介绍了虚拟路由器备份协议 VRRP 的工作原理及配置，给出了 VRRP 单备份组、VRRP 监视接口的配置实例。

第 11 章：NAT 配置。本章介绍了网络地址转换（NAT）的分类、工作原理及配置，给出了 NAPT、内部服务器和 Easy IP 的配置实例。

第 12 章：IPSec 配置。本章介绍了 IPSec 的功能和特点、IPSec 的体系构成、IPSec/IKE 的工作过程，给出了采用 isakmp 方式建立安全联盟的配置实例。

本书第 1 章至第 4 章由山东交通职业学院魏秀丽编写，第 5 章至第 9 章由山东交通职业学院李永亮编写，第 10 章至第 12 章由山东交通职业学院贝太忠编写。全书由山东交通职业学院王建良教授主审，王教授认真仔细地审阅了本教材，提出了意见和建议。

由于编者水平有限，书中难免存在错误与不妥之处，恳请广大读者批评指正。

编　者

2019 年 10 月

目 录

第 1 章

eNSP 与 VRP 基础操作

1.1 eNSP

1.1.1 eNSP 简介

近些年来，针对越来越多的 ICT（Information and Communication Technology）从业者对真实网络设备模拟的需求，不同的 ICT 厂商开发出了针对自家设备的仿真平台软件。但目前行业中推出的仿真平台软件普遍存在仿真程度不够高、仿真系统更新不够及时、软件操作不够方便等问题，这些问题困扰着广大 ICT 从业者，同时也影响了模拟真实设备的操作体验，降低了用户了解相关产品进行操作和配置的兴趣。为了避免现行仿真软件存在的这些问题，华为技术有限公司（以下简称华为）研发出了一款界面友好、操作简单，并且具备极高仿真度的数通设备模拟器——eNSP（Enterprise Network Simulation Platform）。这款仿真软件最大限度的模拟真实设备环境，使用者可以利用 eNSP 模拟工程开局与网络测试，高效地构建企业优质的 ICT 网络。eNSP 支持对接真实设备，可以帮助使用者深刻理解网络协议的运行原理。另外，eNSP 还贴合想要考取华为认证的 ICT 从业者的需求，可以利用 eNSP 模拟华为认证相关实验。eNSP 具有如下 4 个显著的特点：

（1）图形化操作。eNSP 提供便捷的图形化操作界面，让复杂的组网操作起来变得更简单，可以直观感受设备形态，并且支持一键获取帮助和在华为网站查询设备资料。

（2）高仿真度。按照真实设备支持特性情况进行模拟，模拟的设备形态多，支持功能全面，模拟程度高。

（3）可与真实设备对接。支持与真实网卡的绑定，实现模拟设备与真实设备的对接，组网更灵活。

（4）分布式部署。eNSP 不仅支持单机部署，而且还支持服务器端分布式部署在多台服务器上。在分布式部署环境下能够支持更多设备组成复杂的大型网络。

eNSP 作为华为官方发布的网络设备模拟器，推荐学习者在学习华为网络技术的同时，结合 eNSP 模拟网络环境，做到理论与实践结合，加深技术理解、提高分析能力、了解网络现象，为以后在网络行业的发展奠定基石。

1.1.2 eNSP 的安装

通过访问华为企业业务网站 http://enterprise.huawei.com/下载最新版本的 eNSP 软件，下面详细介绍 eNSP 的安装步骤。

步骤 1：双击安装程序文件，打开安装向导。

步骤 2：选择“中文（简体）”，如图 1-1 所示。然后单击“确定”，进入欢迎界面，如图 1-2 所示。

步骤 3：单击“下一步（N）”。

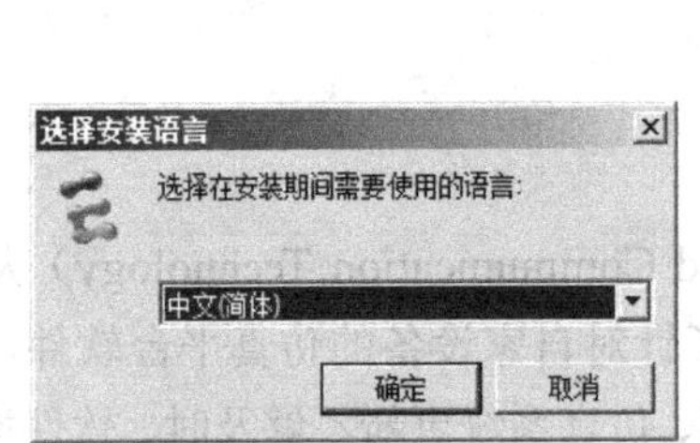

图 1-1 选择安装语言

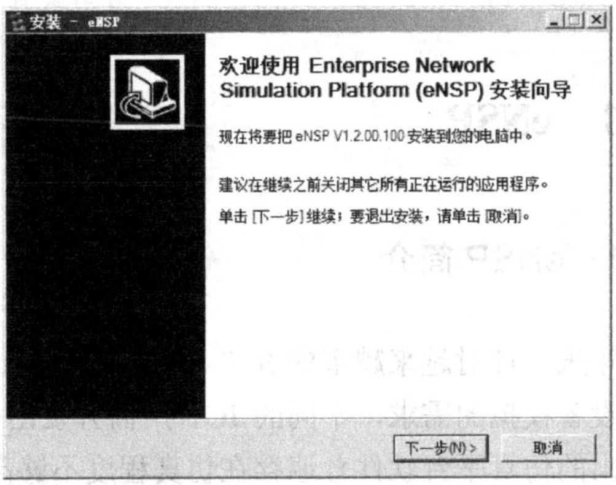

图 1-2 欢迎界面

步骤 4：设置安装的目录，单击“下一步（N）”，如图 1-3 所示。

步骤 5：设置 eNSP 程序快捷方式在开始菜单中显示的名称，单击“下一步（N）”，如图 1-4 所示。

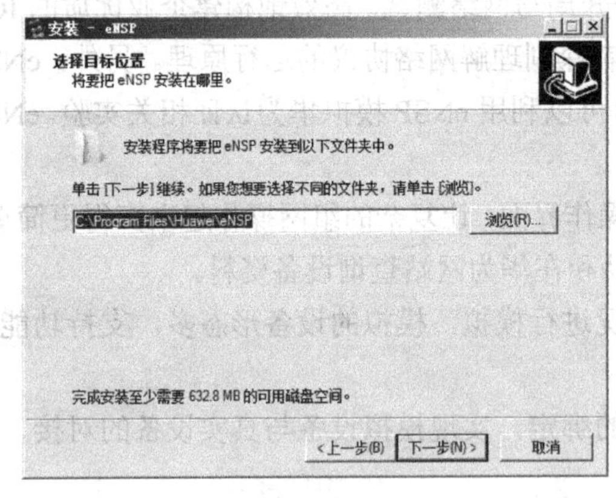

图 1-3 选择目标位置

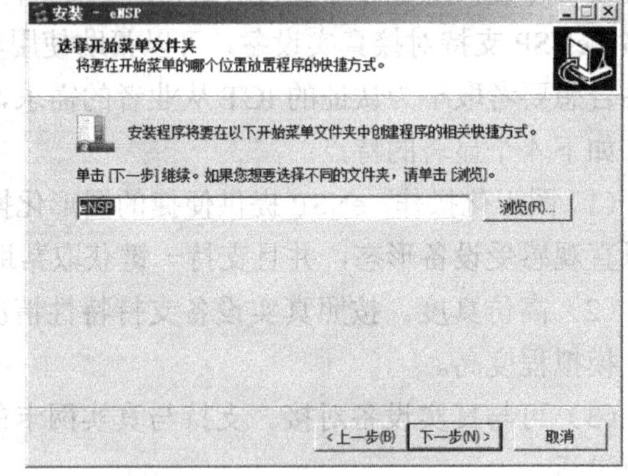

图 1-4 选择开始菜单文件夹

步骤 6：选择是否在桌面创建快捷方式，单击“下一步（N）”，如图 1-5 所示。

步骤 7：选择需要安装的软件，单击“下一步（N）”，如图 1-6 所示。

步骤 8：确认安装信息后，单击“安装（I）”，准备安装，如图 1-7 所示。

步骤 9：安装完成后，若不希望立刻打开程序，可不选择“运行 eNSP”。单击“完成（F）”结束安装，如图 1-8 所示。

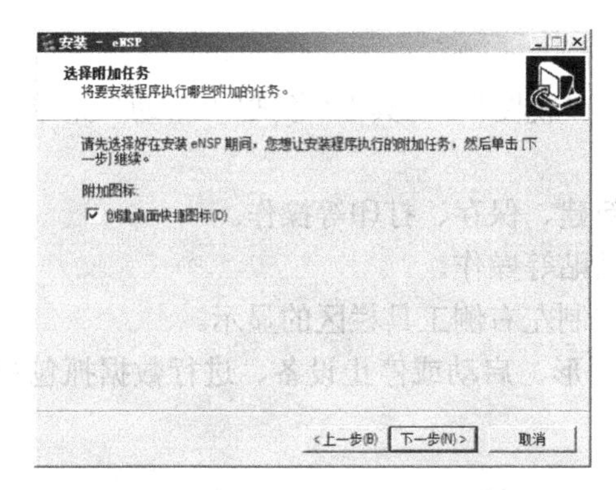

图 1-5　选择创建桌面快捷方式

图 1-6　选择安装其他程序

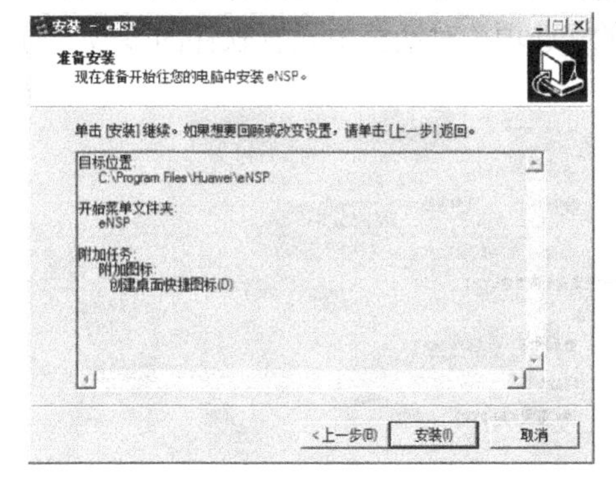

图 1-7　准备安装

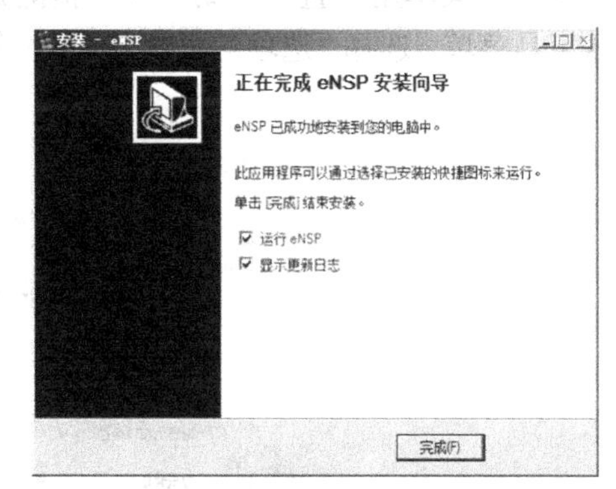

图 1-8　安装完成

1.1.3　eNSP 界面介绍

启动 eNSP 模拟器，可以看到其主界面，如图 1-9 所示。

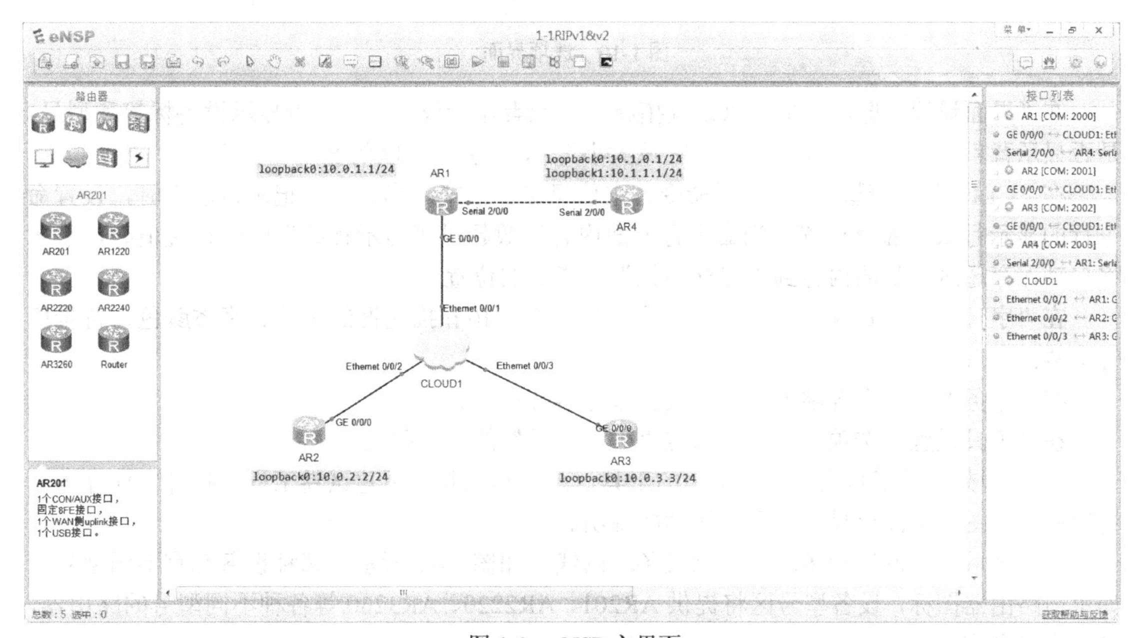

图 1-9　eNSP 主界面

eNSP 主界面分为 5 个区域。

（1）区域 1 是主菜单，提供“文件”“编辑”“视图”“工具”“考试”“帮助”菜单，它们的作用如下。

①“文件”菜单用于拓扑图文件的打开、新建、保存、打印等操作。

②“编辑”菜单用于撤销、恢复、复制、粘贴等操作。

③“视图”菜单用于对拓扑图进行缩放和控制左右侧工具栏区的显示。

④“工具”菜单用于打开调色板工具添加图形、启动或停止设备、进行数据抓包和各选项的设置。

⑤“考试”菜单用于实现 eNSP 的自动阅卷。

⑥“帮助”菜单用于查看帮助文档、检测是否有可用更新、查看软件版本和版权信息。

进入工具菜单，选择“选项”命令，在弹出的“选项”对话框中设置软件的参数，如图 1-10 所示。

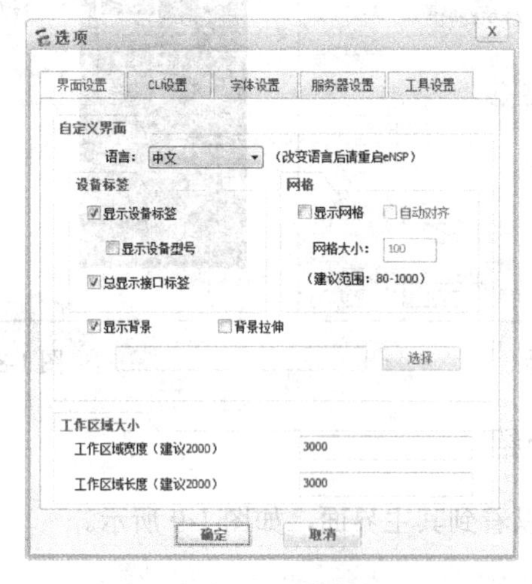

图 1-10　选项界面

在“界面设置”选项卡中可以设置拓扑中的元素显示效果，如是否显示设备标签和型号、是否显示背景图等；还可设置“工作区域大小”，即设置工作区的宽度和长度。

在“CLI 设置”选项卡中设置命令行中信息保存方式。当选中“记录日志”时，设置命令行的显示行数和保存位置。当命令行界面内容行数超过“显示行数”中的设置值时，系统将自动保存超过行数的内容到“保存路径”中指定的位置。

在“字体设置”选项卡中可以设置命令行界面和拓扑描述框的字体、字体颜色、背景色等参数。

在“服务器设置”选项卡中可以设置服务器端参数。

在“工具设置”选项卡中可以指定“引用工具”的具体路径。

（2）区域 2 是工具栏，提供常用的工具，如新建拓扑、新建试卷工程、打开、保存等。将鼠标放在图标上面会显示本图标的功能说明。

（3）区域 3 是网络设备区，提供设备和网线，如图 1-11 所示。每种设备都有不同型号，如单击路由器图标，设备型号区将提供 AR201、AR2220、AR3260 等各种不同型号的路由器，供用户选择到工作区。

（4）区域 4 是工作区，在此区域可以灵活创建网络拓扑，如图 1-12 所示。

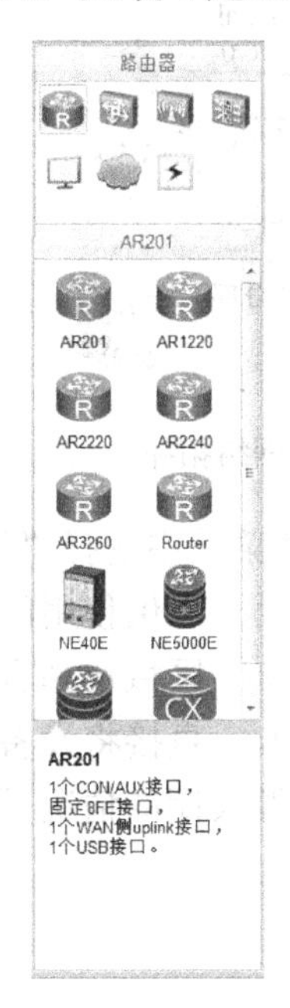

图 1-11　网络设备区

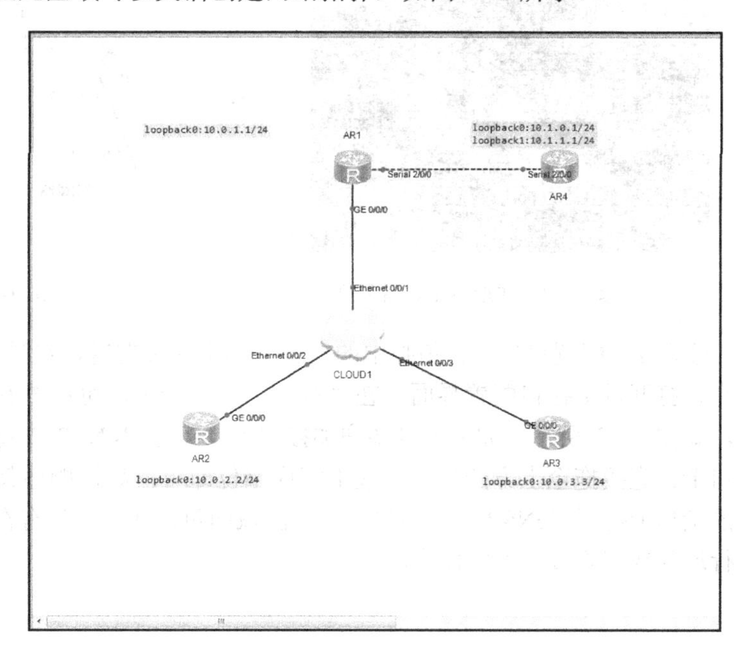

图 1-12　工作区

（5）区域 5 是设备接口区，显示拓扑中的设备和设备已连接的接口，可以通过观察指示灯了解接口运行状态，红色表示设备未启动或接口处于物理 DOWN 状态；绿色表示设备已启动或接口处于物理 UP 状态；蓝色表示接口正在采集报文。在处于物理 UP 状态的接口名上单击鼠标右键，可启动/停止接口、报文的采集。

1.1.4　eNSP 的操作

现在我们对 eNSP 进行简单的操作，了解如何新建网络拓扑，如何使用网络设备，以及如何使用 eNSP 进行抓包分析。

1．注册网络设备

在安装 eNSP 过程中，同时还安装了 WinPcap、Wireshark、VirtualBox 工具。eNSP 在 VirtualBox 中注册了网络设备的虚拟机，在虚拟机中加载网络设备的 VRP 文件，进而实现网络设备的模拟。

通过选择菜单栏的“菜单”→“工具”→“注册设备”，弹出注册设备对话框，在注册设备对话框右侧，选中“AR_Base”“AC_Base”，单击“注册”按钮，完成网络设备的注册。注册网络设备界面如图 1-13 所示。

2．搭建网络拓扑

在 eNSP 中，可以利用图形化界面灵活地搭建需要的拓扑组网图，其具体步骤如下。

步骤 1：选择设备。主界面左侧为可供选择的网络设备区，将需要的设备直接拖至工作区。每台设备均有默认名称，通过单击可以对其进行修改。还可以使用工具栏中的文本按钮和调色板按钮在拓扑中任意位置添加描述或图形标识。搭建网络拓扑如图 1-14 所示。

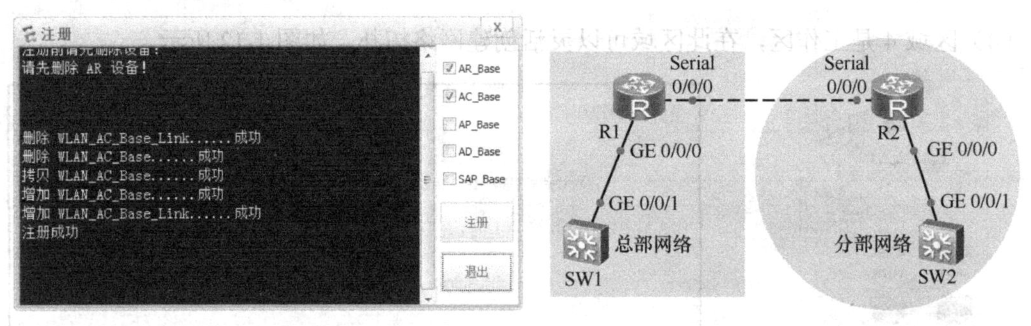

图 1-13　注册网络设备界面　　　　图 1-14　搭建网络拓扑

步骤 2：配置设备。在拓扑中的设备上单击鼠标右键，在弹出的快捷菜单中选择“设置”命令，打开设备接口配置界面。在“视图”选项卡中，可以查看设备面板及可供使用的接口卡，如图 1-15 所示。如需为设备增加接口卡，可在“eNSP 支持的接口卡”区域选择合适的接口卡，直接拖至上方的设备面板上相应槽位即可；如需删除某个接口卡，直接将设备面板上的接口卡拖回“eNSP 支持的接口卡”区域即可。注意，只有在设备电源关闭的情况下才能进行增加或删除接口卡的操作。

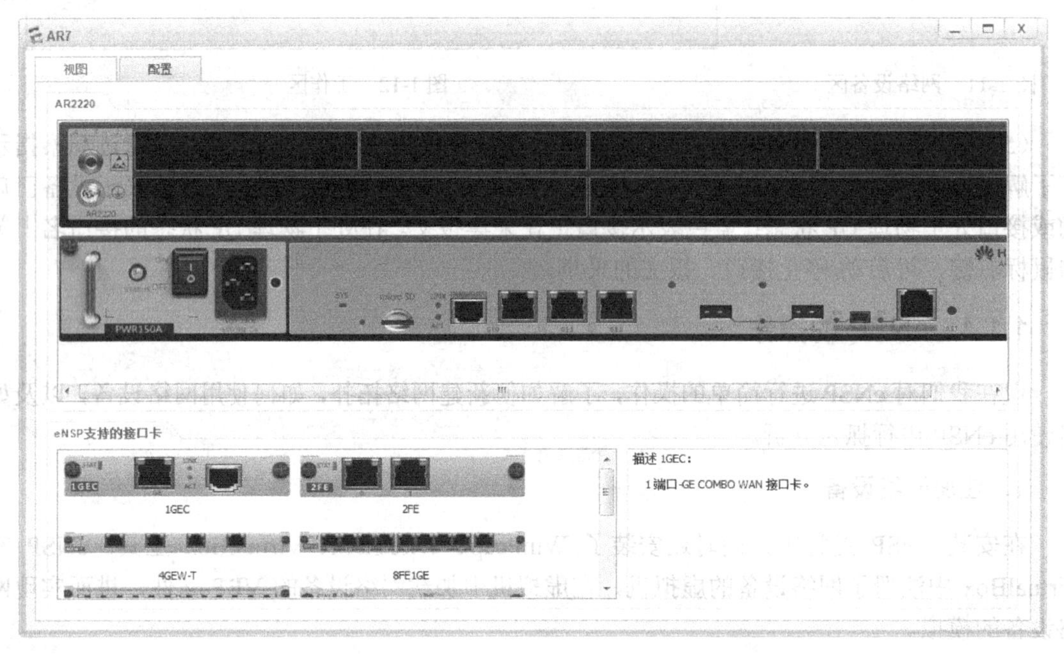

图 1-15　设备配置界面

在模拟计算机上单击鼠标右键，在弹出的快捷菜单中选择“设置”命令，打开设置对话框。在“基础配置”选项卡中配置计算机的基础参数，如主机名、IP 地址、子网掩码和 MAC 地址等，如图 1-16 所示。在“命令行”选项卡中可以输入 ping 命令，测试连通性，如图 1-17 所示。

步骤 3：设备连接。根据设备接口的不同可以灵活选择线缆的类型。当线缆仅一端连接了设备，而此时希望取消连接时，在工作区单击鼠标右键或者按＜Esc＞键即可。选择“Auto”可以自动识别接口卡并选择相应线缆。常见的如“Copper”为双绞线，“Serial”为串口线。

图 1-16　计算机基础配置界面

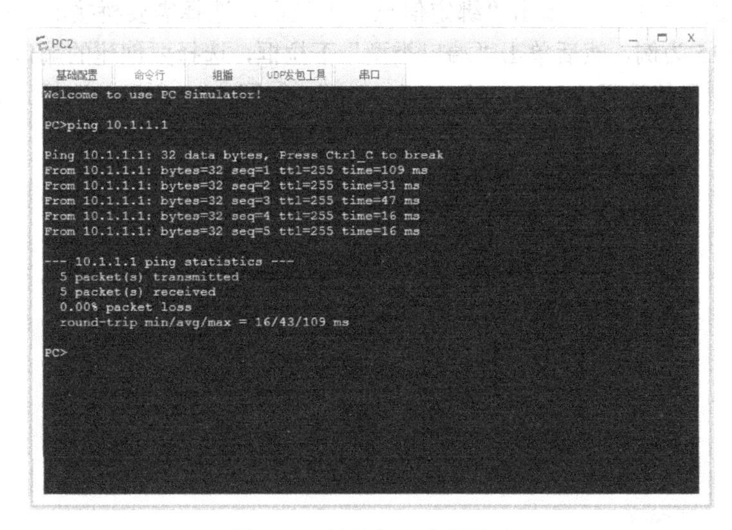

图 1-17　计算机命令行界面

步骤 4： 设备启动。选中需要启动的设备后，可以通过单击工具栏中的“启动设备”按钮或者选择该设备的右键菜单的“启动”命令来启动设备。设备启动后，双击设备图标，通过弹出的 CLI 命令行界面进行配置。

步骤 5： 设备和拓扑保存。完成配置后可以单击工具栏中的“保存”按钮来保存拓扑图，并导出设备的配置文件。在设备上单击鼠标右键，在快捷菜单中选择“导出设备配置”命令，选择存储位置并输入设备配置文件的文件名，将设备配置信息导出为.cfg 文件。

3. 桥接本机网卡

eNSP 模拟器支持与本机网卡桥接的功能，根据实验需求合理利用桥接本机网卡的功能来进行实验模拟，桥接本机网卡步骤如下。

步骤 1： 添加 Cloud 设备。在网络设备区选择“其他设备”，选取“Cloud”设备，添加至工作区中，如图 1-18 所示。

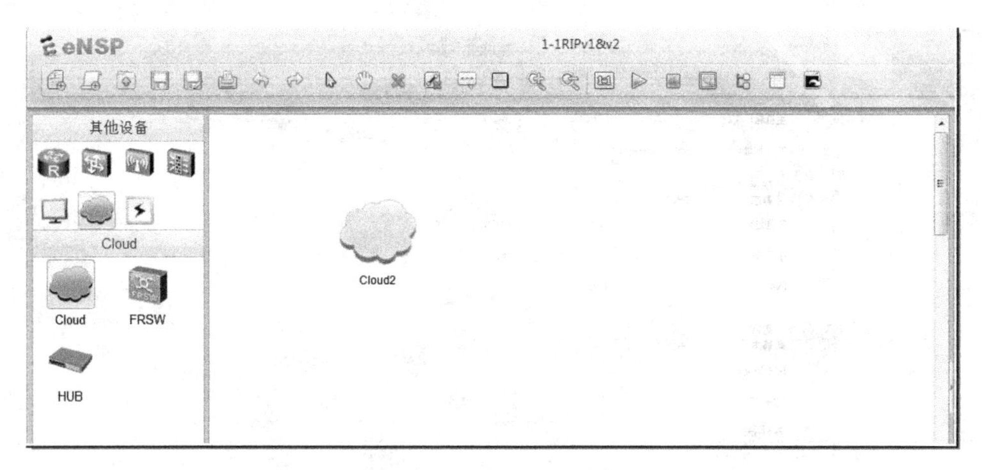

图 1-18　添加 Cloud 设备

步骤 2：增加桥接本机的端口。双击工作区添加的“Cloud”设备，在弹出的“IO 配置”界面的“端口创建”区域中，单击“绑定信息”下拉框，选择需要桥接的本机网卡，以本地连接 IP：10.1.24.15 为例，然后单击“端口类型”下拉框，选择要创建的端口类型，在桥接本机网卡时端口类型只能选择“Ethernet”或者“GE”，如图 1-19 所示。选择完成后，单击“增加”按钮完成与本机桥接端口的添加工作。

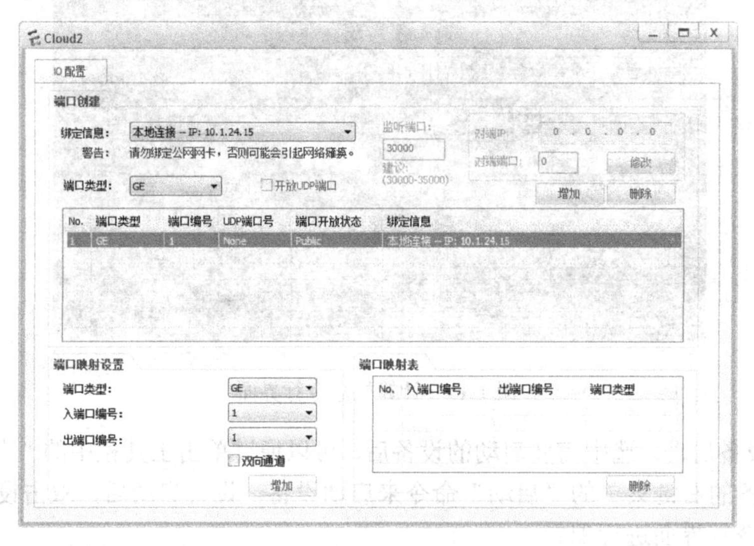

图 1-19　增加桥接本机的端口

步骤 3：增加与模拟设备互联端口。在“端口创建”区域中，单击“绑定信息”下拉框，选择“UDP”，然后单击“端口类型”下拉框，选择与上一步相同的端口类型选项，如图 1-20 所示。选择完成后，单击“增加”按钮完成端口的添加。

步骤 4：建立端口映射关系。在“端口映射设置”中，选择与上一步相同的端口类型，根据“端口创建”区域表格中“No.”项端口编号，选择“入端口编号”和“出端口编号”，为了实现数据的双向互通，勾选“双向通道”选项，单击“增加”按钮，完成端口映射关系配置。配置完成后，出现如图 1-21 所示的界面。

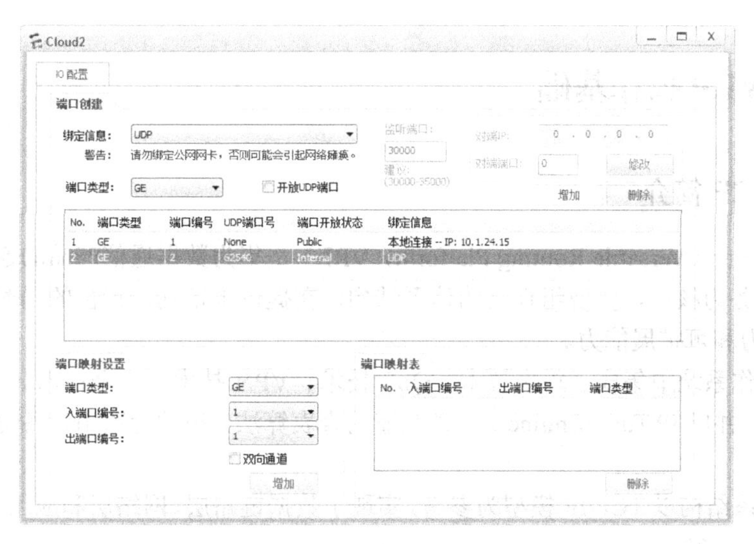

图 1-20　增加与模拟设备互联端口

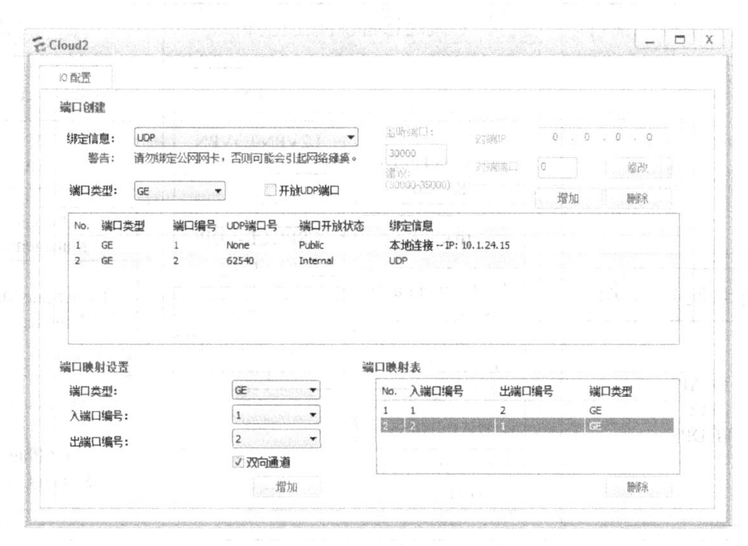

图 1-21　建立端口映射关系

通过上述步骤，可实现 eNSP 桥接本机网卡的功能，根据桥接网卡后模拟环境的用途，将该功能归结为如下三种场景。

（1）真实主机环境。该场景适用于学习者希望通过桥接本机网卡功能在模拟环境中加入真实主机，并测试相应功能，例如，通过桥接本机网卡测试 L2TP VPN。

（2）与其他模拟器互通。该场景适用于学习者希望通过桥接本机网卡功能实现 eNSP 中模拟的华为设备与其他厂商模拟器进行互通，测试不同厂商产品功能的互联互通，例如，eNSP 和 GNS3 同时桥接网卡实现模拟器之间的互通。

（3）搭建分布式拓扑。该场景适用于学习者希望搭建较大规模的网络拓扑，但是主机硬件性能受限，此时可根据实际拓扑互联关系，将整个拓扑图化整为零，划分为不同的板块，分布到不同的主机上，通过主机之间网卡互联以及 eNSP 中桥接本机网卡实现各板块拓扑之间的互联，进而搭建大规模拓扑。

1.2 VRP 操作基础

1.2.1 VRP 简介

通用路由平台（Versatile Routing Platform，VRP）是华为数据通信产品的通用操作系统平台，它以 IP 业务为核心，实现组件化的体系结构，在提供丰富功能特性的同时，提供基于应用的可裁剪能力和可扩展能力。

VRP 在操作系统中集成了路由技术、QoS 技术、VPN 技术、安全技术和 IP 语音技术等数据通信技术，并以 IP TurboEngine（一种快速的查表算法）技术为路由设备提供了出色的数据转发能力。

VRP 的体系结构以 TCP/IP 模型为参考，实现了数据链路层、网络层和应用层的多种协议，其体系结构如图 1-22 所示。

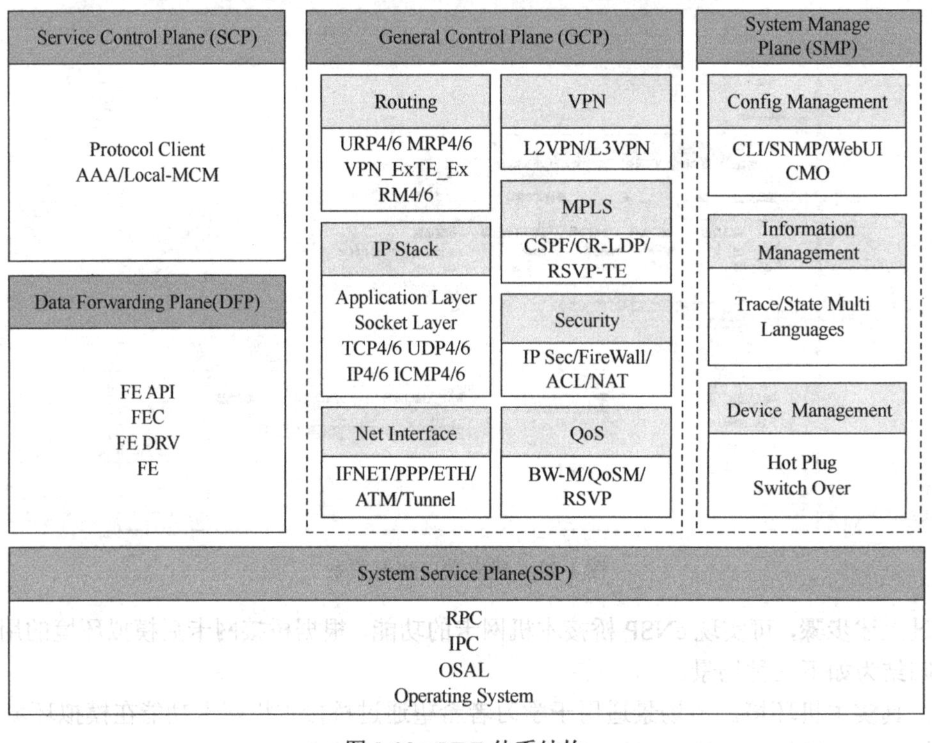

图 1-22 VRP 体系结构

1.2.2 登录网络设备

为了能够配置、监控和维护本地或远端的运行 VRP 的网络设备，需要搭建人机交互的环境。VRP 支持用户进行本地与远程配置，可通过以下三种方法登录网络设备。

（1）通过 Console 口登录。

（2）通过 Telnet 远程登录。

（3）通过 AUX 口拨号登录。

1．通过 Console 口登录

（1）将计算机（或终端）的串口通过标准 RS-232 配置电缆与路由器的 Console 口连接。

（2）在计算机上运行终端仿真程序（超级终端等），设置终端通信参数为 9600bit/s、8 位数据位、1 位停止位、无奇偶校验和无数据流控制，并选择终端类型为 VT100，如图 1-23～图 1-25 所示。

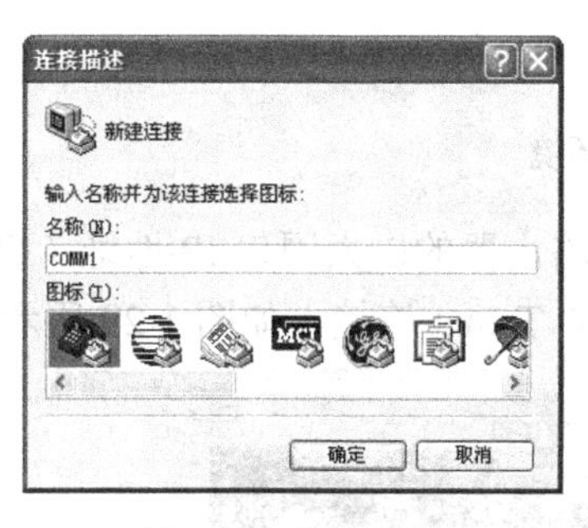

图 1-23 新建连接

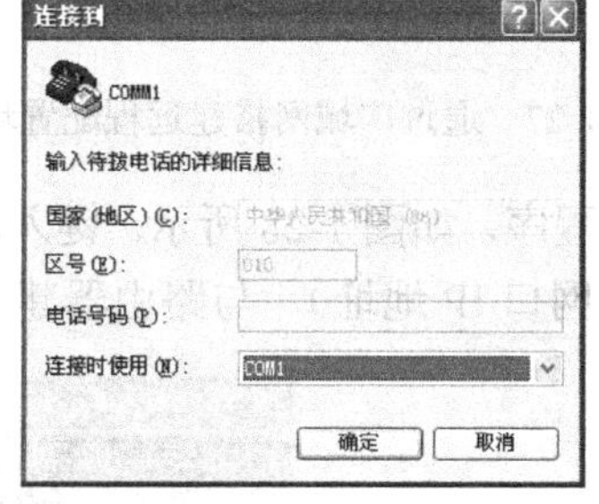

图 1-24 连接端口设置

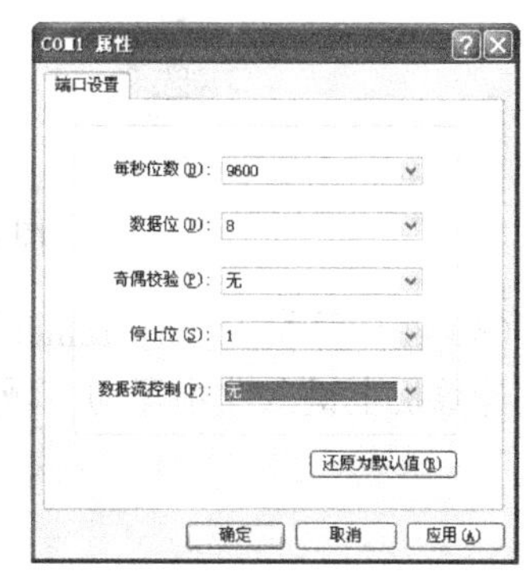

图 1-25 端口通信参数设置

（3）路由器上电自检，系统自动进行配置，自检结束后提示用户键入回车，直到出现命令行提示符（如<Huawei>），此时可以键入命令，查看路由器运行状态，或对路由器进行配置。

2．通过 Telnet 远程登录

若用户已经正确配置了路由器接口的 IP 地址，并配置了用户账号及正确的登录验证方式，同时在终端与路由器之间有可达路由前提下，则可以用 Telnet 通过局域网或广域网登录到路由器，对路由器进行配置。

（1）通过局域网搭建本地配置环境，如图 1-26 所示，该过程需要将计算机的以太网口和路由器的以太网口通过标准的直通网线连接到同一台集线器上；或者将计算机的以太网口和路由器的以太网口通过交叉网线直连起来。

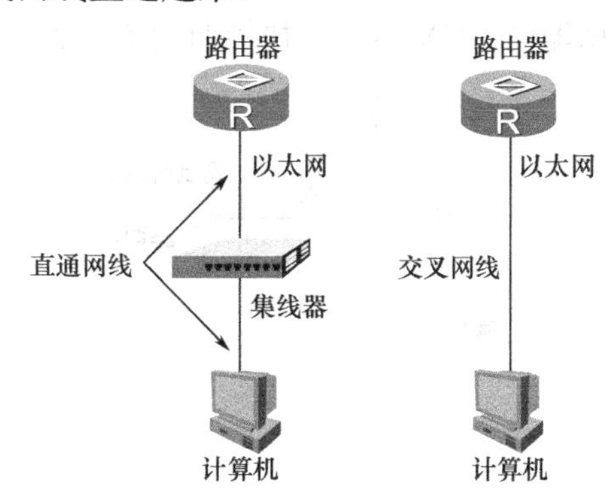

图 1-26 通过局域网搭建本地配置环境

（2）修改计算机的 IP 地址，使其与路由器的以太网口的 IP 地址处于同一网段。通过广域网搭建远程配置环境，如图 1-27 所示，该过程需要将计算机和路由器通过广域网连接，确保计算机和路由器之间有可达路由。

图 1-27　通过广域网搭建远程配置环境

（3）在计算机上运行 Telnet 程序，如图 1-28 所示。键入路由器的以太网口 IP 地址（或在远端计算机上键入路由器的广域网口 IP 地址）。与路由器建立 Telnet 连接，如图 1-29 所示。

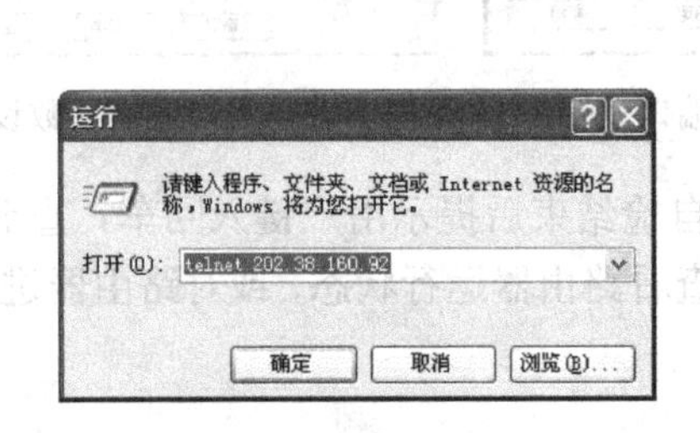

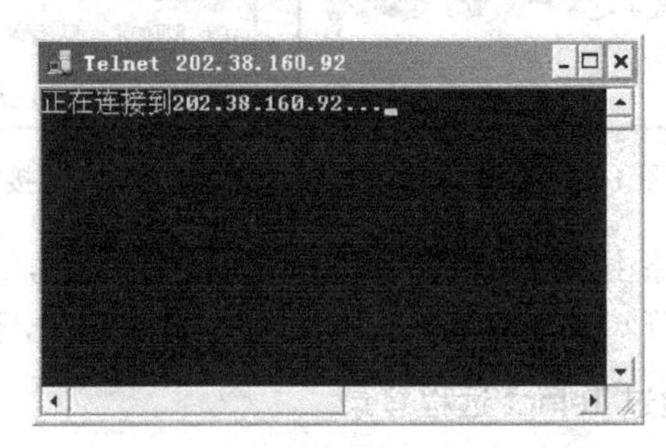

图 1-28　运行 Telnet 程序　　图 1-29　与路由器建立 Telnet 连接

（4）若路由器配置了用户名和口令，则需要输入正确的用户名和口令后，才会出现命令行提示符（如<Huawei>）；若路由器没有配置用户名和口令，则在终端上直接显示命令提示符。

3．通过 AUX 口拨号登录

通过调制解调器（Modem）拨号与路由器 AUX 口连接搭建远程配置环境，如图 1-30 所示，需要在计算机串口和路由器的 AUX 口分别挂接调制解调器。

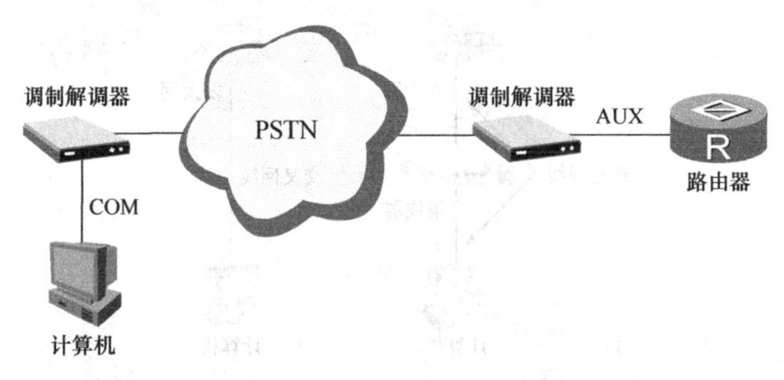

图 1-30　搭建远程配置环境

（1）AUX 接口外接调制解调器。

（2）在接口上对调制解调器进行相应的初始化及配置。例如：

```
# 配置一个用户用于拨号进入，用户名为 test，用户级别为 3，service-type 的类型必须包
```

括 terminal 类型。

```
<Huawei> system-view
[Huawei] aaa
[Huawei-aaa] local-user test password cipher set-password
[Huawei-aaa] local-user test service-type terminal
[Huawei-aaa] local-user test level 3
[Huawei-aaa] quit
[Huawei] user-interface aux 0
[Huawei-ui-aux0] authentication-mode password
[Huawei-ui-aux0] modem both
```

（3）在远端通过终端仿真程序和调制解调器向路由器拨号，与路由器建立连接，如图 1-31 和图 1-32 所示。

图 1-31　拨号号码设置

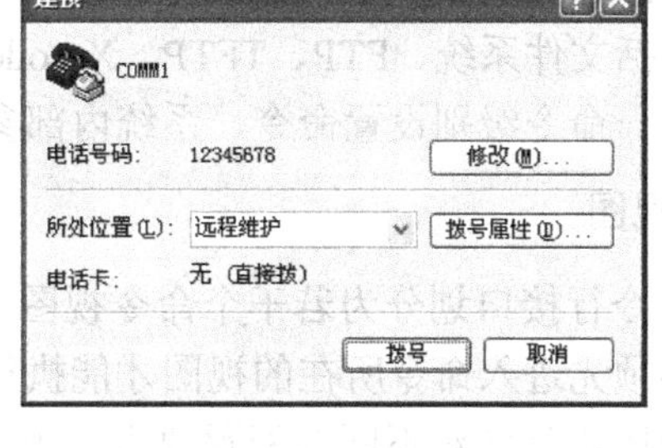

图 1-32　在远端计算机上拨号

（4）在远端的终端仿真程序上输入用户名和口令，验证通过后，出现命令行提示符（如<Huawei>），此时可以键入命令，查看路由器运行状态，或对路由器进行配置。

1.2.3　VRP 命令行

1．命令行接口特性

在用户登录到路由器出现命令行提示符后，即进入命令行接口。命令行接口是用户与路由器进行交互的最常用的工具。系统向用户提供一系列命令，用户可以在命令行接口输入命令来配置和管理路由器。

命令行接口有如下特性。

（1）提供 User-interface 视图，管理各种终端用户的特定配置。

（2）命令分级保护，不同级别的用户只能执行相应级别的命令。

（3）通过本地、password、AAA 三种验证方式，确保未授权用户无法侵入路由器，保证系统的安全。

（4）用户可以随时键入“?”而获得在线帮助。

（5）提供网络测试命令，如 tracert、ping 等，迅速诊断网络是否正常。

（6）提供种类丰富、内容详尽的调试信息，帮助诊断网络故障。

（7）用 Telnet 命令直接登录并管理其他路由器。

（8）提供 FTP 服务，方便用户上传和下载文件。

（9）提供类似 DosKey 的功能，可以执行某条历史命令。

（10）命令行解释器提供不完全匹配和上下文关联等多种智能命令解析方法，最大可能地方便用户的输入。

2．命令的级别

系统命令采用分级保护方式，命令的等级从低到高被划分为参观级、监控级、配置级、管理级 4 个级别：

（1）参观级：网络诊断工具命令（ping、tracert）和从本设备出发访问外部设备的命令（包括 Telnet、SSH、Rlogin）等。

（2）监控级：用于系统维护、业务故障诊断等，包括 display、debugging 命令等。

（3）配置级：业务配置命令，包括路由、各个网络层次的命令，这些用于向用户提供直接网络服务。

（4）管理级：该级别关系到系统基本运行、系统支撑模块的命令，这些命令对业务提供支撑作用，包括文件系统、FTP、TFTP、Xmodem 下载、配置文件切换命令、备板控制命令、用户管理命令、命令级别设置命令、系统内部参数设置命令等。

3．命令视图

系统将命令行接口划分为若干个命令视图，系统的所有命令都注册在某个（或某些）命令视图下，必须先进入命令所在的视图才能执行该命令。

各命令视图都是针对不同的配置要求实现的，它们之间既有联系又有区别，如与路由器建立连接即进入用户视图，它只完成查看运行状态和统计信息的简单功能，再键入 system-view 进入系统视图，在系统视图下，键入不同的配置命令进入相应的协议、接口等视图。例如：

（1）与路由器建立连接，若此路由器是默认配置，则进入用户视图，在屏幕上显示：

```
<Huawei>
```

（2）键入 system-view 后回车，进入系统视图。

```
<Huawei> system-view
[Huawei]
```

（3）在系统视图下键入 aaa，则可进入 AAA 视图。

```
[Huawei] aaa
[Huawei-aaa]
```

4．命令行在线帮助

命令行接口提供如下 2 种在线帮助。

（1）完全帮助。在任意一个命令视图下，键入“?”获取该命令视图下所有的命令及其简单描述。

```
<Huawei> ?
```

键入一个命令，其后接以空格分隔的“?”，若该位置为关键字，则列出全部关键字及其简单描述。例如：

```
<Huawei> language-mode?
Chinese  Chinese environment
```

```
English  English environment
```

其中，Chinese、English 是关键字，Chinese environment 和 English environment 是对关键字的分别描述。

键入一个命令，其后接以空格分隔的“?”，若该位置为参数，则列出有关参数的参数名和参数描述。例如：

```
[Huawei] display aaa ?
configuration  AAA configuration
[Huawei] display aaa configuration ?
<cr>
```

其中，configuration 是参数名，AAA configuration 是对参数的简单描述；<cr>表示该位置无参数，在紧接着的下一个命令行该命令被复述，直接键入回车即可执行。

（2）部分帮助。键入一个字符串，其后紧接“?”，列出以该字符串开头的所有命令。

```
<Huawei> d?
debugging delete dir display
```

键入一个命令，其后接一个字符串然后紧接“?”，列出命令以该字符串开头的所有关键字。

```
<Huawei> display v?
version virtual-access vlan  vpls vrrp  vsi
```

输入命令的某个关键字的前几个英文字母，按下<Tab>键，可以显示完整的关键字，前提是这几个英文字母可以唯一表示该关键字，不会与这个命令的其他关键字混淆。

以上帮助信息均可通过在用户视图下执行 language-mode Chinese 命令切换为中文显示。

5．命令行错误信息

所有用户键入的命令若都通过语法检查，则正确执行：否则向用户报告错误信息。常见错误信息参见表 1-1。

表 1-1　命令行常见错误信息

英文错误信息	错误原因
Unrecognized command	没有查找到命令
	没有查找到关键字
Wrong parameter	参数类型错误
	参数值越界
Incomplete command	输入命令不完整
Too many parameters	输入参数太多
Ambiguous command	输入命令不明确

6．历史命令

命令行接口提供类似 Doskey 功能，将用户键入的历史命令自动保存，用户可以随时调用命令行接口保存的历史命令，并重复执行。在默认状态下，命令行接口可以为每个用户最多保存 10 条历史命令。可以使用上光标键或者<Ctrl+p>访问上一条历史命令，使用下光标键或者<Ctrl+n>访问下一条历史命令，使用 display history-command 显示历史命令。

7. 编辑特性

命令行接口提供了基本的命令编辑功能，支持多行编辑，每条命令的最大长度均为 256 个字符，VRP 命令行编辑功能如表 1-2 所示。

表 1-2 VRP 命令行编辑功能

功能键	功能
普通按键	若编辑缓冲区未满，则插入到当前光标位置，并向右移动光标；否则响铃告警
退格键 BackSpace	删除光标位置的前一个字符，光标前移，若已经到达命令首部，则响铃告警
左光标键←或<Ctrl+b>	光标向左移动一个字符位置，若已经到达命令首部，则响铃告警
右光标键→或<Ctrl+f>	光标向右移动一个字符位置，若已经到达命令尾部，则响铃告警
Tab 键	输入不完整的关键字后按下 Tab 键，系统自动执行部分帮助： ● 若与之匹配的关键字唯一，则系统用此完整的关键字替代原输入并换行显示，光标距词尾空一格； ● 对于命令字的参数、不匹配或者匹配的关键字不唯一的情况，首先显示前缀，继续按 Tab 键循环翻词，此时光标距词尾不空格，按空格键输入下一个单词； ● 若输入错误关键字，则按 Tab 键后，换行显示，输入的关键字不变

8. 显示特性

为方便用户，提示信息和帮助信息可以用中英文两种语言显示。在一次显示信息超过一屏时，提供了暂停功能，在暂停显示时用户可以有三种选择：键入回车键，继续显示下一行信息；键入空格键，继续显示下一屏信息；键入<Ctrl+c>，停止显示和命令执行。

1.2.4 基本操作

1. 进入和退出系统视图

用户登录到路由器后，即进入用户视图，此时屏幕显示的提示符是<Huawei>。在用户视图下键入 system-view 命令进入系统视图。

quit 命令的功能是返回上一层视图，在用户视图下执行 quit 命令就会退出系统。

return 命令可以直接从当前视图退出到用户视图，也可以用组合键<Ctrl+z>完成。

2. 设置设备名称

设备名称会出现在命令提示符中，用户可以根据需要在系统视图下使用 sysname host-name 更改设备名称。例如，将设备名称改为 SW1：

```
<Huawei> system-view
[Huawei] sysname SW1
[SW1]
```

3. 设置系统时钟

为了保证网络设备与其他设备协调工作，需要准确设置系统时钟。clock datetime 命令用于设置当前时间和日期；clock timezone 命令用于设置所在的时区。其命令格式如下：

```
<Huawei> clock timezone time-zone-name {add | minus} offset
<Huawei> clock datetime HH:MM:SS YYYY-MM-DD
```

4．配置切换用户级别的口令

若用户以较低级别的身份登录到路由器后，则需要切换到较高级别的用户身份后进行操作，并且需要输入用户级别的口令，该口令需要事先配置。

配置切换用户级别的口令命令如下：

```
[Huawei] super password [level user-level] {simple | cipher} password
```

切换用户级别为：

```
<Huawei> super [level]
```

5．查看系统状态信息

利用 display 命令可以查看系统状态信息，在所有视图下都可以进行下面的操作。

显示系统版本：

```
<Huawei> display version
```

显示系统时钟：

```
<Huawei> display clock
```

显示终端用户：

```
<Huawei> display users [all]
```

显示起始配置信息：

```
<Huawei> display saved-configuration
```

显示当前配置信息：

```
<Huawei> display current-configuration
```

显示当前视图的运行配置：

```
[Huawei-GigabitEthernet0/0/1] display this
```

1.3　VRP 典型配置举例

1.3.1　配置用户界面

1．组网需求

计算机的 COM 口与路由器的 Console 口相连。配置 VTY0 的优先级为 2，对从 VTY 0 登录的用户进行 password 验证，用户登录时需要输入口令 Huawei 才能登录成功。用户登录后，超过 30 分钟未对路由器进行操作即断开与路由器的连接。

2．配置思路

进入用户接口视图，配置 VTY0 的优先级为 2，配置明文验证和断连时间。

3．配置步骤

具体配置步骤对应的命令如下：

```
<Huawei> system-view
[Huawei] user-interface vty 0
```

```
[Huawei-ui-vty0] user privilege level 2
[Huawei-ui-vty0] authentication-mode password
[Huawei-ui-vty0] set authentication password simple huawei
[Huawei-ui-vty0] idle-timeout 30
```

1.3.2 配置 Telnet 终端服务

1. 组网需求

Telnet 方式组网图如图 1-33 所示。路由器 A 已经与路由器 B 连接，并且能够相互 ping 通。用户通过 Telnet 方式从路由器 A 上远程登录到路由器 B。

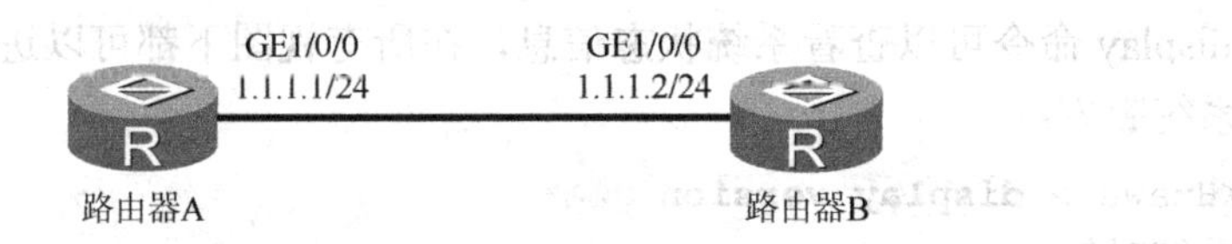

图 1-33 Telnet 方式组网图

2. 配置思路

在路由器 B 上配置用户接口 VTY0 到 VTY4 的验证方式和密码。从路由器 A 远程登录到路由器 B 时用户需要输入密码才能登录。

3. 配置步骤

（1）配置 IP 地址。

```
#在路由器 A 上配置
<RouterA> system-view
[RouterA] interface gigabitethernet1/0/0
[RouterA-GigabitEthernet1/0/0] ip address 1.1.1.1 24
#在路由器 B 上配置
<RouterB> system-view
[RouterB] interface gigabitethernet1/0/0
[RouterB-GigabitEthernet1/0/0] ip address 1.1.1.2 24
```

（2）配置路由器 B 的 Telnet 验证方式和密码。

```
<RouterB> system-view
[RouterB] user-interface vty 0 4
[RouterB-ui-vty0-4] authentication-mode password
[Quidway-ui-vty0-4] set authentication password simple 123456
[RouterB-ui-vty0-4] quit
```

（3）从路由器 A 上远程登录到路由器 B。

```
<RouterA> telnet 1.1.1.2
Trying 1.1.1.2 ...
Press CTRL+K to abort
Connected to 1.1.1.2 ...
    ***********************************************************
    *          All rights reserved (2000-2005)                *
```

```
        *       Without the owner's prior written consent,         *
        *  no decompiling or reverse-engineering shall be allowed. *
        ***********************************************************
    Login authentication
    Password:123456
    Note: The max number of VTY users is 5, and the current number of VTY users
on line is 1.
    <RouterB>
```

第2章

交换机 VLAN 配置

虚拟局域网（Virtual Local Area Network，VLAN）用于在一个局域网（Local Area Network，LAN）内隔离广播域和实现虚拟工作组。

2.1 VLAN 简介

2.1.1 VLAN 基本概念

1. 为什么要划分 VLAN

（1）冲突域。以太网采用基于载波侦听多路访问/冲突检测（Carrier Sense Multiple Access/Collision Detect，CSMA/CD）技术，网络中的所有节点均共享一条总线，同一时刻只能有一台主机发送报文，其他主机只能接收报文。若多台主机同时发送报文，则会在总线上发生冲突。

当多个主机通过双绞线连接到集线器（星型结构）或者通过同轴电缆串联（总线型结构）时，所有互联在共享物理介质上的主机形成一个物理上的冲突域（Collision Domain），一般看成一个局域网的网段（LAN Segmentation）。一个冲突域中的主机数量不能太多，否则大量冲突将导致网络效率降低，甚至不可用。

解决上述问题的方法是使用透明网桥（Transparent Bridge）或局域网交换机（LAN Switch）。网桥可以连接 2 个冲突域，实现隔离冲突。而从网桥技术发展出来的局域网交换机能够隔离多个冲突域。连接多个以太网的局域网交换机称为以太网交换机。

交换机根据接收到的数据帧的源 MAC 地址建立 MAC-PORT 映射表。对于接收到的数据帧，若能够在表中查找到目的 MAC 地址，则把帧发送到对应的端口；若找不到，则把帧发送到所有端口。这样，交换机将冲突域隔离在各自的端口，不扩展到其他端口。

（2）广播域。交换机虽然可以隔离冲突，但会将收到的广播报文向所有端口转发。在由交换机组成的网络中，一台主机发出的广播报文会被网络中的所有其他主机接收。这样的网络称为广播域（Broadcast Domain），也称为局域网。

若局域网的规模很大，则网络中存在的大量广播报文同样会降低网络利用率。对广播域的隔离是通过路由器实现的。

（3）VLAN。为了解决交换机无法限制广播的问题，出现了 VLAN 技术。VLAN 将一个物理的局域网在逻辑上划分成多个广播域（多个 VLAN）。VLAN 内的主机间可以直接通信，而 VLAN 间的主机不能直接互通，这样，广播报文被限制在一个 VLAN 内。

除划分广播域外，VLAN 还可以满足更复杂的网络应用。例如，将一栋写字楼出租给不同的企业客户，如果这些企业客户都建立各自独立的局域网，那么企业的网络投资成本将很高；如果各用户共用写字楼已有的局域网，那么又会导致企业信息安全无法保证。这时采用 VLAN 可以实现各企业客户共享局域网设施，同时保证各自的网络信息安全。

图 2-1 是一个 VLAN 的典型应用示意图。3 台交换机放置在不同的地点，如写字楼的不同楼层。每台交换机分别连接 3 台计算机，3 台计算机分别属于 3 个不同的 VLAN，如不同的企业客户。在图 2-1 中，一个虚线框内表示一个 VLAN。

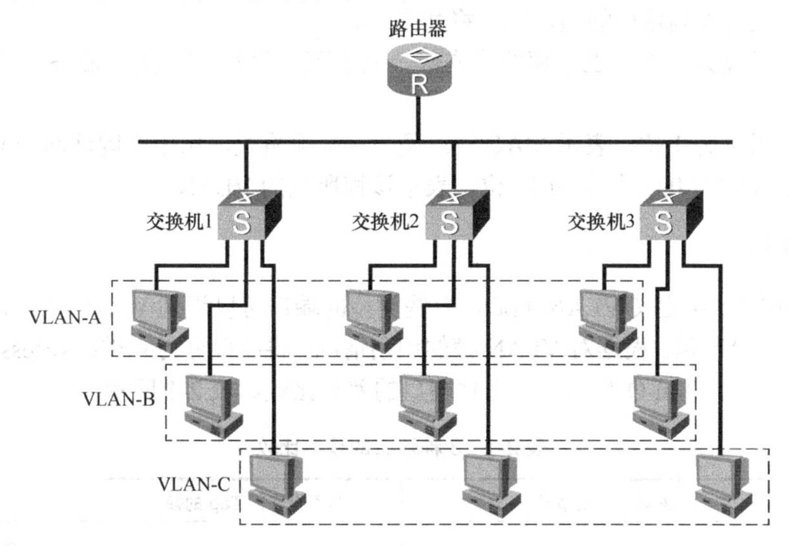

图 2-1 VLAN 的典型应用示意图

2. VLAN 的划分

理论上有如下几种 VLAN 的划分方式。

（1）基于端口：根据交换机的端口编号划分 VLAN。计算机所属的 VLAN 由端口所属的 VLAN 决定。

（2）基于 MAC 地址：根据计算机网卡的 MAC 地址划分 VLAN。

（3）基于网络层协议：例如，将运行 IP 协议的计算机划分为一个 VLAN，将运行 IPX 协议的计算机划分为另一个 VLAN。

（4）基于网络地址。

（5）基于应用层协议。

IEEE 于 1999 年颁布了 802.1Q 协议标准草案，定义了基于端口和 MAC 地址划分 VLAN 的标准。

3. VLAN 帧格式

IEEE 802.1Q 对以太网帧格式进行了修改，在源 MAC 地址字段和协议类型字段之间加入 4 个字节的 802.1Q Tag，生成基于 IEEE 802.1Q 的 VLAN 帧格式，如图 2-2 所示。

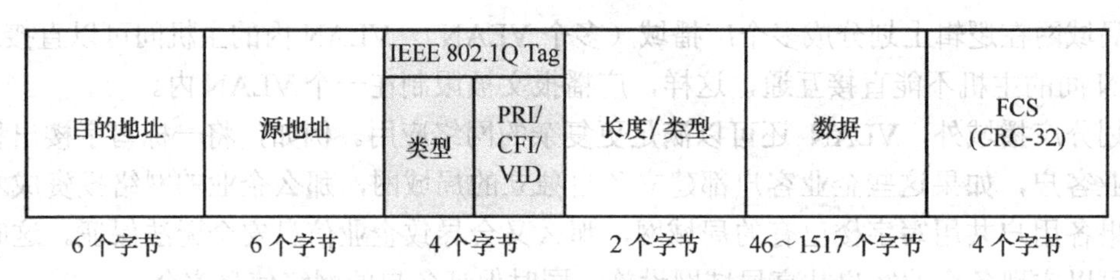

图 2-2 基于 IEEE 802.1Q 的 VLAN 帧格式

IEEE 802.1Q Tag 包含 4 个字段，其含义如下。

（1）类型：长度为 2 个字节，表示帧类型。当取值为 0x8100 时表示 802.1Q Tag 帧。若不支持 802.1Q 的设备收到这样的帧，则会将其丢弃。

（2）PRI：长度为 3 位，表示帧的优先级，取值范围为 0～7，用于服务质量（Quality of Service，QoS）。

（3）CFI：长度为 1 位，表示 MAC 地址是否是经典格式，用于令牌环网和 FDDI。

（4）VID：VLAN ID，长度为 12 位，表示该帧所属的 VLAN。

4．端口类型

在 IEEE 802.1Q 中定义 VLAN 帧后，有些类型的端口可以识别 VLAN 帧，有些类型的端口则不能识别 VLAN 帧。根据对 VLAN 帧的识别情况，将端口分为 4 类：Access 端口、Trunk 端口、Hybrid 端口、Q-in-Q 端口。前三种端口的差异比较如表 2-1 所示。

表 2-1　3 种端口的差异比较

端口类型	对帧的识别情况	是否允许带 Tag 的帧	用途
Access 端口	只识别标准以太网帧，不识别 VLAN 帧	—	用于交换机与计算机直接连接
Trunk 端口	能识别普通 VLAN 帧和默认 VLAN 帧，允许多个 VLAN 帧通过	只允许默认 VLAN 帧不带 Tag，其余通过的帧必须带 Tag	用于交换机与交换机连接
Hybrid 端口	能识别普通 VLAN 帧和默认 VLAN 帧，允许多个 VLAN 的帧通过	通过的帧可以带 Tag，也可以不带 Tag	用于交换机与包含交换机和计算机的网络连接

5．交换机对帧的处理

交换机对帧的处理包括以下三个过程。

（1）接收过程。接收的帧可以是带 Tag 的 VLAN 帧，也可以是不带 Tag 的普通以太网帧。交换机根据接收帧的端口类型及配置决定对帧的操作：增加 Tag、直接丢弃或继续处理。

（2）查找和路由过程。二层交换机根据帧的目的 MAC 地址、VLAN ID 查找 VLAN 配置信息，决定把帧发送到哪个端口。

（3）发送过程。将帧从出端口发送到以太网段。

出端口可以配置对 Tag 的处理。例如，若出端口所在网段上的主机不能识别 IEEE 802.1Q Tag，则应先将该 Tag 去掉后再发送；若出端口与其他交换机相连，则直接发送，保持 Tag 不变。

2.1.2 VLAN间的通信

划分VLAN后，不同VLAN内的计算机之间不能实现二层通信。若在VLAN间通信，则需要建立IP路由。存在以下两种实施方案。

1. 部署路由器

多数情况下，局域网通过交换机的以太网接口（交换式以太网接口）与路由器的以太网接口（路由式以太网接口）相连，如图2-3所示。

首先假定在交换机上已经划分了VLAN2和VLAN3。为实现VLAN2和VLAN3间的通信，需要在路由器与交换机相连的以太网接口上创建两个子接口，在子接口上配置IEEE 802.1Q封装和IP地址，并将交换机与路由器相连的以太网端口类型改为Trunk，允许VLAN2和VLAN3的帧通过。

2. 在三层交换机上配置VLANIF接口

三层交换机支持IP路由特性，可以不通过路由器实现VLAN间通信。

在图2-4所示的网络中，在三层交换机上划分了两个VLAN：VLAN2和VLAN3。此时可在交换机上创建两个VLAN接口，并为它们配置IP地址和路由，实现VLAN2与VLAN3的通信。

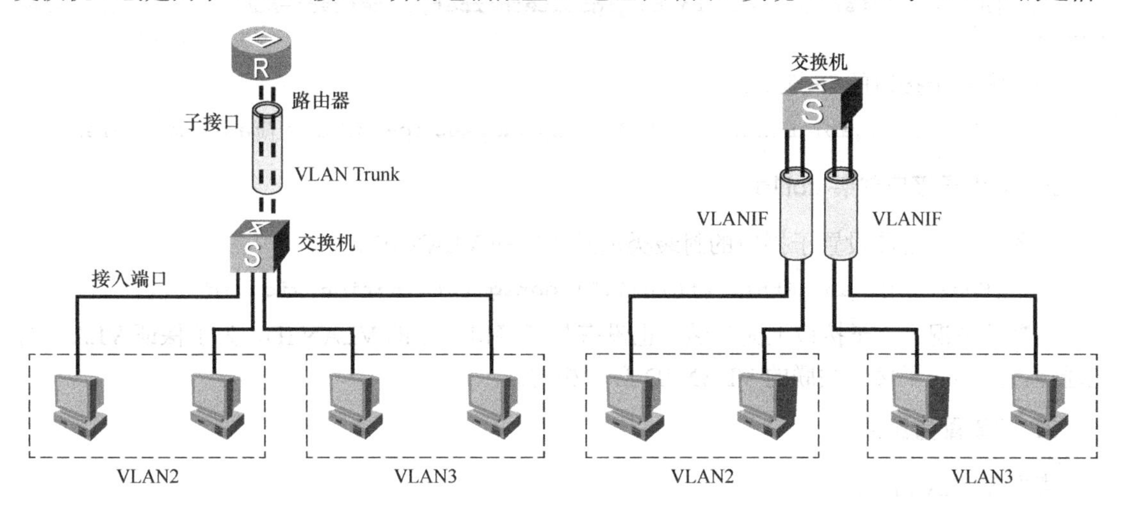

图2-3 通过路由器实现VLAN间的通信　　图2-4 通过VLANIF实现VLAN间的通信

2.1.3 VLAN聚合

为了在交换机上实现VLAN间的通信，需要为每个VLAN接口都配置一个IP地址，以实现VLAN间路由。若VLAN很多，则将占用许多IP地址资源。VLAN聚合（VLAN Aggregation）可以解决多个VLAN占用多个IP地址的问题。

VLAN聚合是将多个VLAN集中在一起，形成一个SuperVLAN。组成Super-VLAN的VLAN被称为Sub-VLAN。可以创建一个VLAN接口，使其对应一个Super-VLAN，只在该接口上配置IP地址，不必为每个Sub-VLAN都分配IP地址，所有Sub-VLAN共用IP网段，进而解决IP地址使用效率低的问题。

2.2 配置子接口实现 VLAN 间的通信

2.2.1 原理概述

若要实现 VLAN 之间的三层互通，则必须使用路由器或三层交换机连接各个 VLAN。本节介绍通过部署路由器子接口实现 VLAN 间互通的解决方案。为了实现不同 VLAN 之间的通信，需要在路由器与交换机相连的以太网接口上创建子接口，再在子接口上分别配置封装 IEEE 802.1Q。

2.2.2 配置命令

1. 配置子接口的 IP 地址

（1）进入系统视图：

```
<Huawei> system-view
```

（2）创建子接口并进入子接口视图：

```
[Huawei] interface {ethernet | gigabitethernet} interface-number.subinterface-number
```

（3）配置子接口的 IP 地址：

```
[Huawei-GigabitEthernet0/0/1.1] ip address ip-address {mask | mask-length}
```

2. 配置子接口封装 dot1q

进入子接口视图设置子接口的封装类型及关联的 VLAN ID。

```
[Huawei-GigabitEthernet0/0/1.1] dot1q termination vid vid
```

在默认情况下，子接口上无封装，也没有与子接口关联的 VLAN ID。为了保证 VLAN 的连通性，两端的子接口关联的 VLAN ID 必须相同。

3. 检查配置结果

查看 VLAN 信息：

```
<Huawei> display vlan [vlan-id]
```

查看指定 VLAN 的报文收/发统计信息：

```
<Huawei> display vlan vlan-id statistics
```

2.2.3 配置示例

1. 组网需求

路由器的路由式接口 GE1/0/0 与交换机 B 上行口相连，路由式接口 GE2/0/0 与交换机 A 上行口相连。交换机 A 的下行按端口划分为 VLAN40 和 VLAN30。交换机 B 的下行按端口划分为 VLAN10 和 VLAN20。要求 VLAN10、20、30 及 40 之间能够互通。

2. 实验拓扑

路由器子接口实现 VLAN 间的通信，如图 2-5 所示。

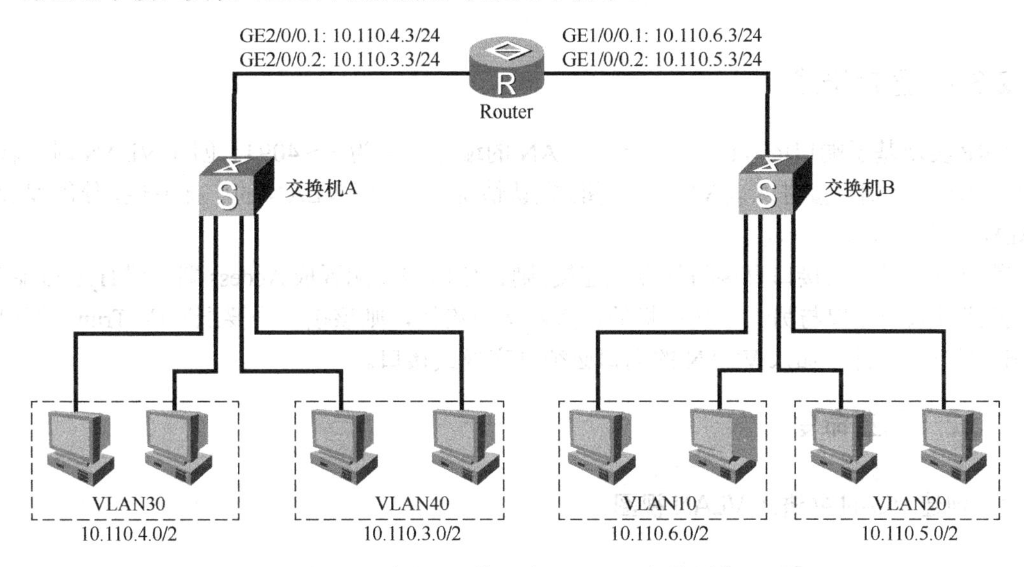

图 2-5　路由器子接口实现 VLAN 间的通信

3. 配置步骤

（1）配置连接交换机 B 的接口。

```
# 创建并配置以太网子接口 GE1/0/0.1
<Router> system-view
[Router] interface gigabitethernet 1/0/0.1
[Router-GigabitEthernet1/0/0.1] dot1q termination vid 10
[Router-GigabitEthernet1/0/0.1] ip address 10.110.6.3 255.255.255.0
[Router-GigabitEthernet1/0/0.1] quit
# 创建并配置以太网子接口 GE1/0/0.2
[Router] interface gigabitethernet 1/0/0.2
[Router-GigabitEthernet1/0/0.2] dot1q termination vid 20
[Router-GigabitEthernet1/0/0.2] ip address 10.110.5.3 255.255.255.0
[Router-GigabitEthernet1/0/0.2] quit
```

（2）配置连接交换机 A 的接口。

```
# 创建并配置以太网子接口 GE2/0/0.1
[Router] interface gigabitethernet 2/0/0.1
[Router-GigabitEthernet2/0/0.1] dot1q termination vid 30
[Router-GigabitEthernet2/0/0.1] ip address 10.110.4.3 255.255.255.0
[Router-GigabitEthernet2/0/0.1] quit
# 创建并配置以太网子接口 GE2/0/0.2
[Router] interface gigabitethernet 2/0/0.2
[Router-GigabitEthernet2/0/0.2] dot1q termination vid 40
[Router-GigabitEthernet2/0/0.2] ip address 10.110.3.3 255.255.255.0
[Router-GigabitEthernet2/0/0.2] quit
```

2.3 配置基于端口的 VLAN

2.3.1 原理概述

VRP 实现基于端口的 VLAN 划分，VLAN 的编号范围为 1～4094。创建 VLAN 时，若该 VLAN 已存在，则直接进入该 VLAN 视图。默认情况下，使能 VLAN 的广播属性，使能 VLAN 的 MAC 地址学习。

若交换式以太网接口直接与计算机连接，则该接口需要配置成 Access 端口或 Hybrid 端口。若交换式以太网接口与另一个交换机的以太网接口连接，则该接口需要配置成 Trunk 端口或 Hybrid 端口。另外，加入 VLAN 的端口必须是交换式接口。

2.3.2 配置命令

1．创建 VLAN 并进入 VLAN 视图

```
[Huawei] vlan vlan-id
```

2．配置交换式以太网接口的属性

进入以太网接口视图：

```
[Huawei] interface {ethernet | gigabitethernet} interface-number
```

设置端口的类型：

```
[Huawei-GigabitEthernet0/0/1] port link-type {access | dot1q-tunnel |
hybrid | trunk}
```

3．将交换式以太网接口加入到 VLAN 中

将交换式以太网接口加入到 VLAN 中存在以下两种方法。

（1）在以太网接口视图下配置端口的默认 VLAN。

```
[Huawei-GigabitEthernet0/0/1] port default vlan vlan-id
```

（2）在 VLAN 视图下指定 VLAN 包含的端口。

```
[Huawei-vlan10] port interface-type {interface-number1 [to interface-
number2]}
```

4．配置 VLAN 间路由

创建 VLAN 接口：

```
[Huawei] interface vlanif vlan-id
```

配置 VLAN 接口的 IP 地址：

```
[Huawei-Vlanif10] ip address ip-address {mask | mask-length}
```

注意：创建 VLAN 接口时，相关联的 VLAN 必须已经存在。

不同 VLAN 接口的 IP 地址应该在不同的网段，这样不同 VLAN 的用户之间才具有可达的路由。

5. 检查配置结果

查看 VLAN 信息：

```
<Huawei> display vlan [vlan-id]
```

显示 VLAN 接口信息：

```
<Huawei> display interface vlanif [vlan-id] [ | {begin | exclude | include}]
```

2.3.3　配置示例

1. 组网需求

创建两个 VLAN：VLAN2 和 VLAN3。VLAN2 包含端口 GE0/0/1 和 GE0/0/2，VLAN3 包含端口 GE0/0/4 和 GE0/0/4。在交换机上创建 2 个 VLAN 接口，并为它们配置 IP 地址和路由，实现 VLAN2 与 VLAN3 的通信。

2. 实验拓扑

通过 VLANIF 实现 VLAN 间的通信，如图 2-6 所示。

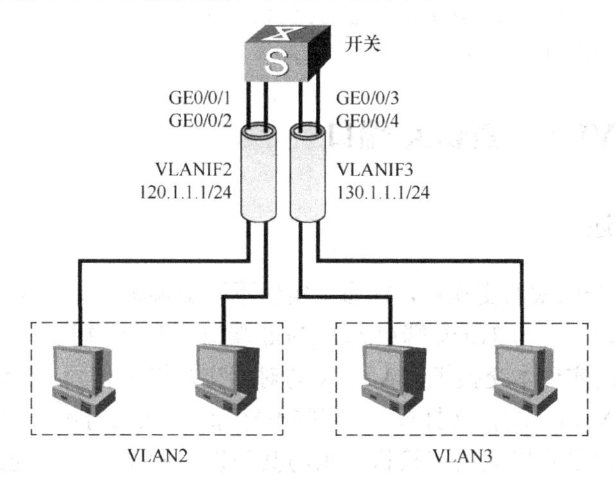

图 2-6　通过 VLANIF 实现 VLAN 间的通信

3. 配置步骤

（1）配置 VLAN2。

```
#设置端口的类型
[Huawei] interface gigabitethernet 0/0/1
[Huawei-GigabitEthernet0/0/1] port link-type access
[Huawei] interface gigabitethernet 0/0/2
[Huawei-GigabitEthernet0/0/2] port link-type access
# 创建 VLAN2
[Huawei] vlan 2
# 向 VLAN2 中加入 GE0/0/1 和 GE0/0/2
```

```
[Huawei-vlan2] port gigabitethernet 0/0/1 to 0/0/2
[Huawei-vlan2] quit
# 配置 VLAN 接口
[Huawei] interface vlanif 2
[Huawei-Vlanif2] ip address 120.1.1.1 24
[Huawei-Vlanif2] quit
```

（2）配置 VLAN3。

```
#设置端口的类型
[Huawei] interface gigabitethernet 0/0/3
[Huawei-GigabitEthernet0/0/3] port link-type access
[Huawei] interface gigabitethernet 0/0/4
[Huawei-GigabitEthernet0/0/4] port link-type access
# 创建 VLAN3
[Huawei] vlan 3
# 向 VLAN3 中加入 GE0/0/3 和 GE0/0/4
[Huawei-vlan3] port gigabitethernet 0/0/3 to 0/0/4
[Huawei-vlan3] quit
# 配置 VLAN 接口
[Huawei] interface vlanif 3
[Huawei-Vlanif3] ip address 120.1.1.1 24
[Huawei-Vlanif3] quit
```

2.4 配置 VLAN Trunk 端口

2.4.1 原理概述

若 VLAN 跨越多个以太网交换机，则为了实现不同交换机下同一 VLAN 的用户互通，需要将交换机互连的接口配置为 Trunk 端口或 Hybrid 端口。Trunk 端口和 Hybrid 端口可以加入到多个 VLAN 中，从而实现本交换机的 VLAN 与对端交换机上相同 VLAN 的互通。在 Hybrid 端口还可以设置哪些 VLAN 的报文打标签，哪些不打标签，从而对不同 VLAN 报文区别处理。

这里的以太网端口是本以太网交换机用来与其他以太网交换机互连的，并且必须是交换式以太网口，另外可以通过 Trunk 端口的 VLAN 必须是接入 VLAN 且不能在接入 VLAN 接口下配置 IP 地址等三层特性。

2.4.2 配置命令

1. 设置端口为 Trunk 端口或 Hybrid 端口

```
[Huawei-GigabitEthernet0/0/1] port link-type {trunk | hybrid}
```

2. 配置 Trunk 端口通过的 VLAN

```
[Huawei-GigabitEthernet0/0/1] port trunk allow-pass vlan {{vlan-id1 [to vlan-id2]} | all}
```

3. 检查配置结果

显示 Trunk 端口上可通过的 VLAN 信息：

```
<Huawei> display port allow-vlan [interface-type interface-number]
```

2.4.3 配置示例

1. 组网需求

已知两台交换机分别为 SwitchA 和 SwitchB，配置 SwitchA 的接口 GE0/0/1 为 Trunk 端口，允许 VLAN 5、9 通过，配置 SwitchB 的接口 GE0/0/1 也为 Trunk 端口，允许 VLAN 5、9 通过。

2. 实验拓扑

VLAN Trunk 端口配置示例图，如图 2-7 所示。

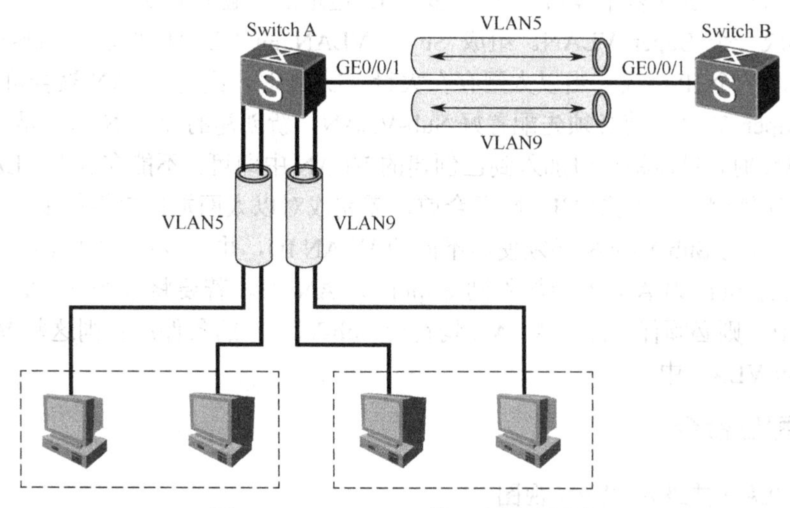

图 2-7　VLAN Trunk 端口配置示例图

3. 配置步骤

（1）配置 SwitchA。

```
# 创建 VLAN
[SwitchA] vlan 5
[SwitchA-vlan5] quit
[SwitchA] vlan 9
[SwitchA-vlan9] quit
# 配置接口 GE0/0/1 为 VLAN Trunk 端口，允许 VLAN 5、9 通过
[SwitchA] interface gigabitethernet 0/0/1
[SwitchA-GigabitEthernet0/0/1] port link-type trunk
[SwitchA-GigabitEthernet0/0/1] port trunk allow-pass vlan 5 9
[SwitchA-GigabitEthernet0/0/1] quit
```

（2）配置 SwitchB。

```
# 创建 VLAN
[SwitchB] vlan 5
```

```
[SwitchB-vlan5] quit
[SwitchB] vlan 9
[SwitchB-vlan9] quit
# 配置接口 GE0/0/1 为 VLAN Trunk 端口，允许 VLAN 5、9 通过
[SwitchB] interface gigabitethernet 0/0/1
[SwitchB-GigabitEthernet0/0/1] port link-type trunk
[SwitchB-GigabitEthernet0/0/1] port trunk allow-pass vlan 5 9
[SwitchB-GigabitEthernet0/0/1] quit
```

2.5 配置 VLAN 聚合

2.5.1 原理概述

VLAN 聚合用于解决多个 VLAN 占用多个 IP 地址的问题。VLAN 聚合将多个 VLAN 集中在一起，形成一个 Super VLAN。组成 Super VLAN 的 VLAN 被称为 Sub-VLAN，所有 Sub-VLAN 共用一个 IP 网段。当以太网存在大量 VLAN 时，配置 VLAN 聚合可以简化配置。

在配置 Super VLAN 前必须先配置好 Sub-VLAN。新创建的 VLAN 默认是 Sub-VLAN。配置 Sub-VLAN 时，只需将端口加入到已创建的 VLAN 中即可。不能在 Sub-VLAN 接口上配置 IP 地址等三层特性。在配置 VLAN 聚合前，需完成对以太网端口属性的配置。

Super VLAN 与 Sub-VLAN 必须使用不同的 VLAN ID，并且 Super VLAN 不能包含任何物理端口。只有 Sub-VLAN 才能加入到 Super VLAN 中。若要将多个 VLAN 批量加入到 Super VLAN 中，则必须保证这些 VLAN 均符合 Sub-VLAN 的条件；否则这些 VLAN 都不能成功加入 Super VLAN 中。

2.5.2 配置命令

1. 创建 VLAN 并进入 VLAN 视图

```
[Huawei] vlan vlan-id
```

2. 设置 VLAN 为 Super VLAN

```
[Huawei-vlan10] aggregate-vlan
```

3. 将 Sub-VLAN 加入到 Super VLAN 中

```
[Huawei-vlan2] access-vlan {vlan-id1 [to vlan-id2]}
```

4. 配置 Super VLAN 接口的 IP 地址

```
[Huawei-Vlanif10] ip address ip-address {mask | mask-length}
```

VLAN 接口的 IP 地址所在的网段应包含各 Sub-VLAN 用户所在的子网段。

2.5.3 配置示例

1. 组网需求

VLAN2 和 VLAN3 组成 Super VLAN，即 VLAN4。作为 sub-VLAN 的 VLAN2 和 VLAN3

之间不允许互访。

2. 实验拓扑

VLAN聚合配置示例图如图2-8所示。

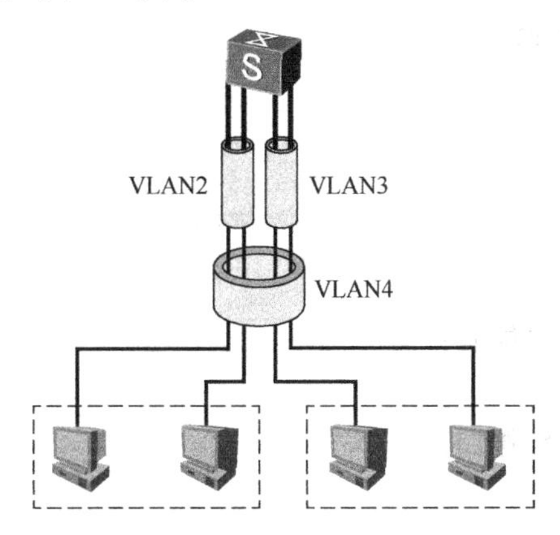

图2-8　VLAN聚合配置示例图

3. 配置步骤

```
# 配置 Super VLAN
[Huawei] vlan 4
[Huawei-vlan4] aggregate-vlan
[Huawei-vlan4] access-vlan 2 to 3
[Huawei] interface vlanif 4
[Huawei-Vlanif4] ip address 10.1.1.1 24
```

2.6 故障处理

2.6.1 向VLAN中加入端口失败

1. 故障现象

向VLAN中加入端口失败。

2. 分析

向VLAN中加入端口失败的原因可能有：

（1）端口不存在。

（2）端口的默认VLAN ID属于其他VLAN。

（3）要加入的VLAN为Super VLAN。

（4）端口已经加入了其他Trunk接口。

3. 处理过程

（1）首先检查输入的端口是否都存在，命令行输入是否都正确。

（2）使用display interface命令确认该端口的默认VLAN ID不属于其他VLAN。

（3）使用 display vlan 命令确认该 VLAN 不是 Super VLAN，VLAN 聚合不能包含端口。

（4）在接口视图下执行 display this 查看该端口的当前配置，确认该端口没有加入 Trunk 接口。

2.6.2 删除 VLAN 失败

1. 故障现象

删除 VLAN 失败。

2. 分析

删除 VLAN 失败的原因可能有：

（1）该 VLAN 不存在。

（2）存在已创建的 VLAN 接口。

3. 处理过程

（1）使用 display vlan 命令确认该 VLAN 是否存在。

（2）使用 display interface vlanif 命令确认 VLAN 接口是否存在。若存在 VLAN 接口，需要先删除 VLAN 接口。

2.6.3 配置 VLAN 接口失败

1. 故障现象

配置 VLAN 接口失败。

2. 分析

配置 VLAN 接口失败的原因可能有：

（1）没有配置 VLAN。

（2）VLAN 是 Sub-VLAN。

3. 处理过程

（1）使用 display interface vlanif 检查是否配置 VLAN。

（2）使用 display vlan vlan-id 命令检查 VLAN 是否为 Sub-VLAN。

第 3 章

交换机 STP 配置

生成树协议是一种二层管理协议，它通过选择性地阻塞网络中的冗余链路来消除二层环路，同时还具备链路备份的功能。

与众多协议的发展过程一样，生成树协议也是随着网络的发展而不断更新的，从最初的 STP（Spanning Tree Protocol，生成树协议）到 RSTP（Rapid Spanning Tree Protocol，快速生成树协议），再到最新的 MSTP（Multiple Spanning Tree Protocol，多生成树协议）。MSTP 兼容 STP 和 RSTP，并弥补了 STP 和 RSTP 的缺陷。MSTP 既可以快速收敛，又能使不同 VLAN 的流量沿各自的路径分发，从而为冗余链路提供良好的负载分担机制。本章将对 STP、RSTP 和 MSTP 各自的特点及其相互间的关系进行介绍。

3.1　STP 简介

3.1.1　STP

STP 属于数据链路层的管理协议，可应用于存在环路的局域网。STP 通过有选择性地阻塞网络冗余链路将网络修剪成树状，来达到消除环路的目的，同时具备链路备份功能。

1．STP 的基本原理

STP 通过在交换机之间传递一种特殊的协议报文来确定网络的拓扑结构。在 IEEE 802.1D 中这种协议报文被称为“桥协议数据单元”，即 BPDU（Bridge Protocol Data Unit）。STP 根据 BPDU 中包含的信息来完成生成树的计算。

2．STP 算法的实现

下面结合例子说明 STP 算法实现的过程。如图 3-1 所示，局域网中有 5 台交换机，它们之间连接形成了多个环路。每台交换机的 STP 优先级在图 3-1 中标出，每段链路的路径开销也在图 3-1 中的链路上标出。

启动 STP 协议后，交换机之间互相传递 BPDU，各交换机根据 BPDU 中携带的信息进行比较和计算。比较和计算的方法有以下三种。

（1）根据交换机的 ID 信息选出根交换机，即位于树状网络根部的交换机。交换机的 ID 共 64 位，高 16 位为交换机的 STP 优先级，值越小优先级别越高，其余 48 位为交换机的 MAC 地址。ID 最小的交换机会被选为根交换机。

（2）其他非根交换机根据计算和比较得出到根交换机的最短路径。

（3）非最短的路径被认为是冗余链路，各非根交换机将冗余链路阻塞。

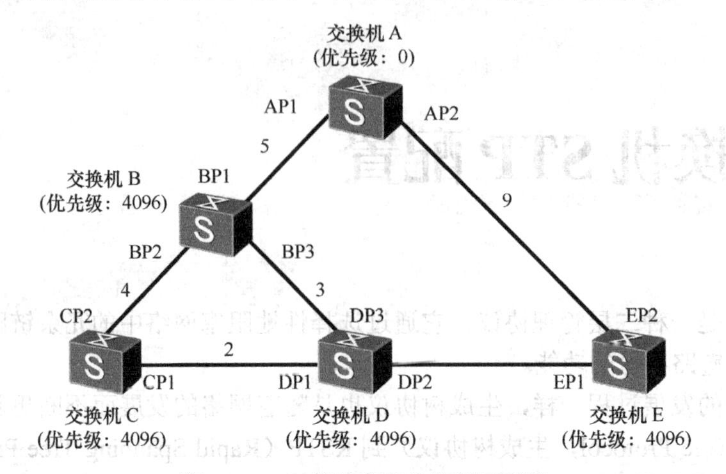

图 3-1　STP 算法实现的举例组网图

在图 3-1 中，针对 5 台交换机的计算结果如下。

（1）交换机 A 的优先级最高，被确定为根交换机。

（2）其他非根交换机到根交换机的最短路径和路径开销分别为：

交换机 B 到根交换机 A 的最短路径为<B—A>，路径开销为 5。

交换机 C 到根交换机 A 的最短路径为<C—B—A>，路径开销为 9。

交换机 D 到根交换机 A 的最短路径为<D—B—A>，路径开销为 8。

交换机 E 到根交换机 A 的最短路径为<E—A>，路径开销为 9。

（3）冗余链路是<C—D>和<D—E>，链路上连接的交换机会将它们阻塞。

生成树计算完成后形状如图 3-2 所示，树根为交换机 A，整个网络无环路。

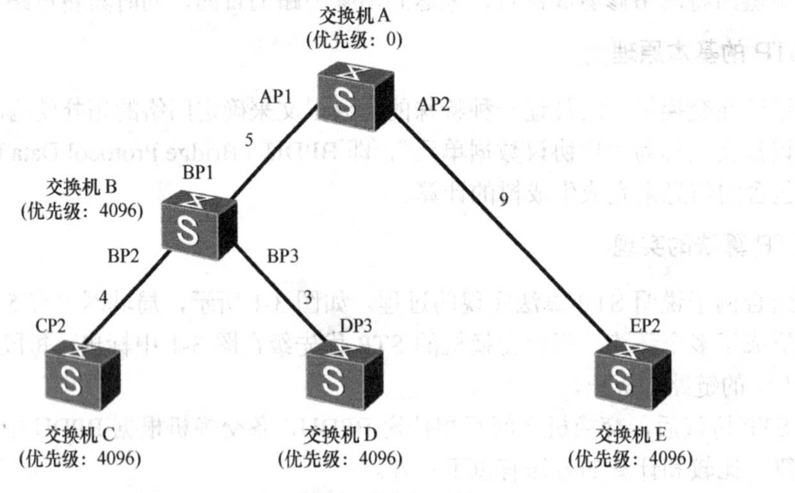

图 3-2　计算出的生成树

为了便于理解，本例中给出的网络结构比较简单，实际的网络可能要复杂得多，但基本原理是相同的。

3. STP 的基本概念

生成 STP 后，根交换机会定期向外发送本端口的 BPDU，非根交换机转发来自根交换机的 BPDU，即 BPDU 从根交换机开始沿着从根到叶子节点的路径顺次转发。与 STP 相关的基本概念如下。

（1）根桥。因为树形的网络结构必须有树根，所以 STP 引入了根桥（Root Bridge）的概念。根桥在全网中有且只有一个，其他设备则称为叶子节点。根桥会根据网络拓扑的变化而改变，因此根桥并不是固定的。

在网络初始化过程中，所有设备都视自身为根桥，生成各自的配置 BPDU 并周期性地向外发送；但当网络拓扑稳定后，只有根桥设备才会向外发送配置 BPDU，其他设备则对其进行转发。

（2）根端口。所谓根端口是指非根桥设备上离根桥最近的端口。根端口负责与根桥进行通信，非根桥设备上有且只有一个根端口，根桥上没有根端口。

（3）路径开销。路径开销是 STP 用于选择链路的参考值。STP 通过计算路径开销选择较为“强壮”的链路，阻塞多余的链路，将网络修剪成无环路的树形网络结构。

（4）指定交换机。对一台交换机而言，它的指定交换机就是与本机直接相连并且负责向本机转发 BPDU 的交换机。

（5）指定端口。对一台交换机而言，它的指定端口就是它的指定交换机向它转发 BPDU 的端口。识别指定端口的一个简单方法是：与根端口直接相连的端口就是本交换机的指定端口。如图 3-3 所示，SwitchA 是根交换机，SwitchB 是非交换机，在该交换机上离根交换机最近的端口是 BP1，因此 BP1 是 SwitchB 的根端口。与 BP1 直接相连的端口 AP1 是 SwitchB 的指定端口，SwitchA 是 SwitchB 的指定交换机。SwitchA 通过端口 AP1 向 SwitchB 转发 BPDU。同理，其他交换机的根端口、指定交换机和指定端口见表 3-1。

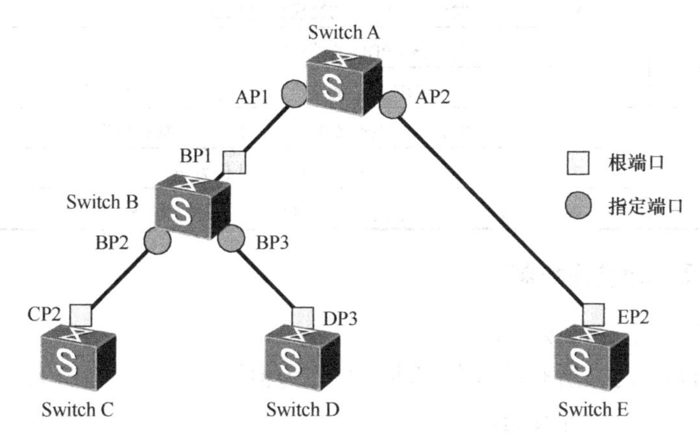

图 3-3　STP 基本概念示意图

表 3-1　交换机的根端口、指定交换机和指定端口

交换机	根端口	指定交换机	指定端口
SwitchA	无	无	无
SwitchB	BP1	SwitchA	AP1

（续表）

交换机	根端口	指定交换机	指定端口
SwitchC	CP2	SwitchB	BP2
SwitchD	DP3	SwitchB	BP3
SwitchE	EP2	SwitchA	AP2

4．BPDU 的内容

STP 采用的协议报文是 BPDU，也称为配置消息。STP 通过在设备之间传递 BPDU 来确定网络的拓扑结构。BPDU 中包含了足够的信息来保证设备完成生成树的计算过程。

STP 的 BPDU 分为以下两类：

（1）配置 BPDU（Configuration BPDU）：用来进行生成树计算和维护生成树拓扑的报文，其格式如表 3-2 所示。

（2）TCN BPDU（Topology Change Notification BPDU）：当拓扑结构发生变化时，用来通知相关设备网络拓扑结构发生变化的报文。

表 3-2　BPDU 的格式

字段	字节个数	简单说明
Protocol ID	2	协议 ID，值总为 0x0000
Protocol Version ID	1	协议版本 ID，值总为 0x00
BPDU Type	1	BPDU 类型：0x00 为配置 BPDU，0x80 为 TCN BUDP
Flags	1	网络拓扑变化标志：最低位为 TC 标志，最高位为 TCA 标志
Root ID	8	当前根桥的 BID
Root Path Cost	4	发送该 BPDU 的端口到根桥的路径开销
Bridge ID	8	发送该 BPDU 的交换机的 BID
Port ID	2	发送该 BPDU 的端口的 PID
Message Age	2	该 BPDU 消息的年龄，每经过一个桥，该值加 1
Max Age	2	配置消息在设备中的最大生存期，默认值为 20s
Hello Time	2	配置消息的发送周期，默认值为 2s
Forward Delay	2	端口状态迁移的延迟时间，默认值为 15s

5．STP 的配置消息传递机制

STP 的配置消息传递机制如下。

（1）当网络初始化时，所有的设备都将自身作为根桥，生成以自身为根的配置消息，并以 Hello Time 为周期定时向外发送。

（2）若接收到配置消息的端口是根端口，且接收的配置消息比该端口的配置消息更优，则设备将配置消息中携带的 Message Age 按照一定的原则递增，并启动定时器为这条配置消息计时，同时将此配置消息从设备的指定端口转发出去。

（3）若指定端口收到的配置消息比本端口的配置消息优先级低，则会立刻发出自身的更优的配置消息进行回应。

（4）若某条路径发生故障，则这条路径上的根端口不再接收新的配置消息，旧的配置消息将会因为超时而被丢弃，设备重新生成以自己为根的配置消息并向外发送，从而引发生成树的重新计算，得到一条新的通路替代发生故障的链路，恢复网络连通性。

6．STP的时间参数

在STP的计算过程中，用到以下三个重要的时间参数。

（1）Forward Delay：用于确定状态迁移的延迟时间。链路故障会引发网络重新进行生成树的计算，生成树的结构将发生相应的变化。不过，重新计算得到的新配置消息无法立刻传遍整个网络，若新选出的根端口和指定端口立刻开始转发数据，则可能会形成暂时性的环路。为此，STP采用了一种状态迁移的机制，新选出的根端口和指定端口要经过两倍的Forward Delay延时后才能进入转发状态，这个延时保证了新的配置消息已经传遍整个网络。

（2）Hello Time：用于设备检测链路是否存在故障。设备每隔Hello Time时间会向周围的设备发送Hello报文，以确认链路是否存在故障。

（3）Max Age：用于判断配置消息在设备内的保存时间是否过时，设备会将过时的配置消息丢弃。

7．STP的更新机制

STP生成并逐步稳定后，根交换机以Hello Time为周期从指定端口向外发送本端口的BPDU，非根交换机转发来自根交换机的BPDU。接收到BPDU的端口若是根端口，则交换机将BPDU中携带的Message Age按照时间递增，并启动定时器为这条BPDU计时。

若某条路径发生故障，则这条路径上的根端口不会再接收到新的BPDU。旧的BPDU将会因为超时而被丢弃，进而引发生成树的重新计算，并得到一条新的通路替代发生故障的链路，恢复网络连通性。

由于传输延时，因此重新计算得到的新BPDU不会在短时间内传遍整个网络。在此段时间内，那些没有发现网络拓扑已经改变的旧根端口和指定端口仍会按照原来的路径继续转发数据。若新选出的根端口和指定端口立刻开始转发数据，则可能会造成暂时性的路径回环。

为此，STP采用了一种状态迁移的机制，即根端口和指定端口重新开始数据转发前要经历一个中间状态，经过两个Forward Delay延时后才能进入转发状态，这个延时保证了新BPDU传遍整个网络。

3.1.2 RSTP

RSTP是STP的优化版，它主要在以下5个方面做了改进。

1．改变网络稳态情况下BPDU的发送方式

在STP方式下，非根交换机只有在接收到来自上游的BPDU后再触发发送BPDU，这导致STP更新速度缓慢。RSTP克服了这个缺点，即由每个非根交换机自主决定BPDU的发送。当网络进入稳定状态后，无论非根交换机是否接收到根交换机发送来的信息，非根交换机都按照 Hello Time时间定期发送BPDU。

2．改变 BPDU 超时计时方式

在 STP 方式下，若一个端口在等待 Max Age 时间后还未收到来自上游指定交换机的 BPDU，则该交换机就认为与上游邻居之间的链路失效。在 RSTP 方式下，端口连续等待 3 个 Hello Time 周期，若仍未收到来自上游指定交换机的 BPDU，则认为与上游邻居之间的链路失效。

3．缩短指定端口迁移到转发状态的时间

在 STP 方式下，当一个端口被选举成为指定端口后，该端口还要等待至少两个 Forward Delay 时间才会迁移到转发状态。而在 RSTP 中，该端口可以通过协商方式获得来自下游的状态迁移认可。只要下游交换机赞同，该端口就可以立刻进入转发状态。

4．增加根端口快速切换机制

与 STP 相比，RSTP 方式下每个交换机上都新增了两种端口角色：Alternate 端口和 Backup 端口。若某个交换机上的根端口失效，则该交换机的多个 Alternate 端口中最优的一个端口将成为新的根端口，并进入转发状态。

5．增加边缘端口快速迁移机制

在 RSTP 方式下，增加了边缘端口概念。边缘端口不直接与任何交换机连接，而直接与用户终端连接。若一个端口是边缘端口，则它可以不用经过中间状态而直接进入转发状态。

3.1.3 MSTP 的产生背景

1．STP 的缺陷

STP 不能提供快速迁移机制，即使是边缘端口也必须在等待两倍的 Forward delay 时间延迟后才能迁移到转发状态。

2．RSTP 的缺陷

RSTP 在 STP 基础上进行了改进，提供状态快速收敛。但是 RSTP 也存在缺陷：局域网内所有的 VLAN 共享一棵生成树，无法实现 VLAN 的负载均衡，并可能造成部分 VLAN 的报文无法转发。

例如：如图 3-4 所示，在局域网内应用 RSTP，生成树结构在图 3-4 中用虚线表示，SwitchF 为根交换机。SwitchB 与 SwitchE 之间、SwitchA 与 SwitchD 之间的链路被阻塞，除图 3-4 中标注了“VLAN2”或“VLAN3”的链路允许对应的 VLAN 报文通过外，其他链路均不允许 VLAN2 和 VLAN3 的报文通过。

Host A 和 Host B 同属于 VLAN2，由于 SwitchB 和 SwitchE 之间的链路被阻塞，SwitchC 和 SwitchF 之间的链路又不允许 VLAN2 的报文通过，因此 HostA 和 HostB 之间无法互相通信。

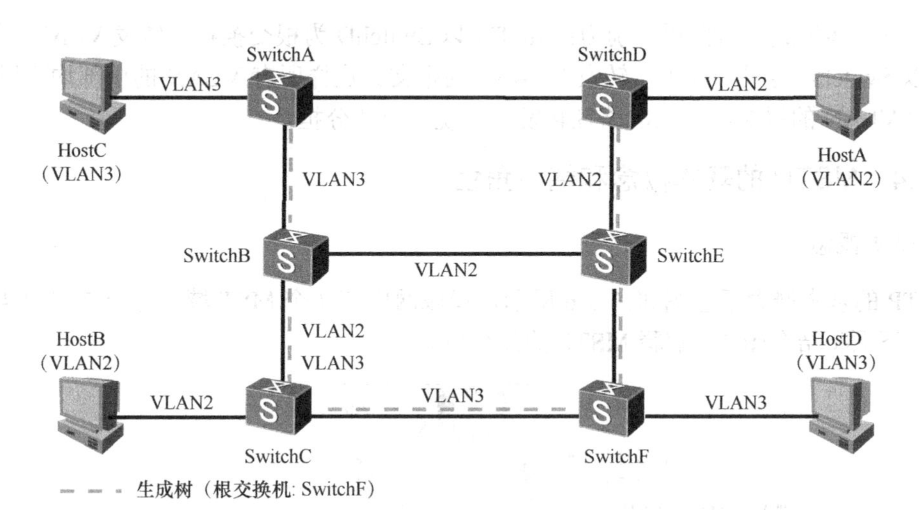

图 3-4　RSTP

3. MSTP 的改进

MSTP 可以弥补 STP 和 RSTP 的缺陷，它既可以快速收敛，又能使不同 VLAN 的流量沿各自的路径分发，从而为冗余链路提供很好的负载分担机制。

MSTP 把一个交换网络划分成多个域，每个域内均形成多棵生成树，生成树之间彼此独立。每棵生成树均称为一个多生成树实例（Multiple Spanning Tree Instance，MSTI），每个域均称为一个 MST 域。

MSTP 通过设置 VLAN 映射表（VLAN 和 MSTI 的对应关系表），将 VLAN 和 MSTI 联系起来。现将 MSTP 应用于图 3-4 中的局域网中，应用后生成的 MSTI 如图 3-5 所示。

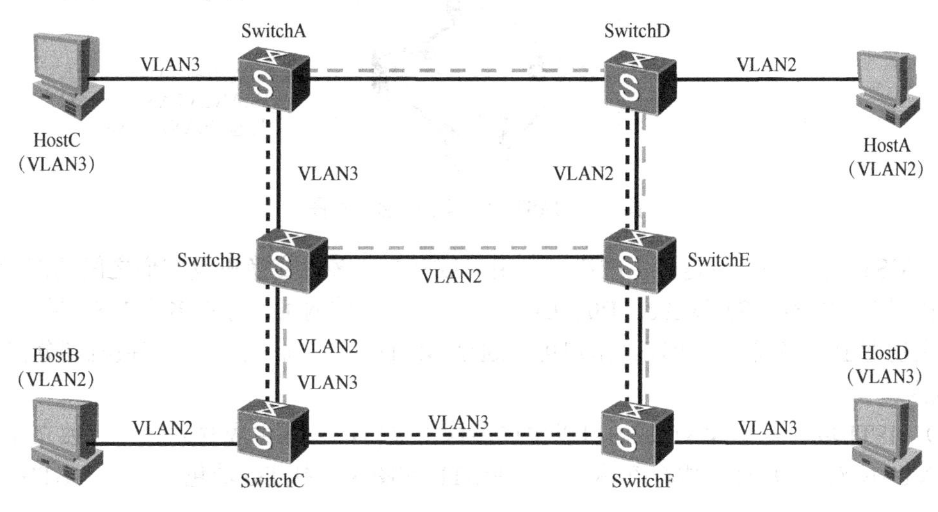

图 3-5　MSTI

经计算最终生成的两棵树分别为：MSTI1 以 SwitchD 为根交换机，转发 VLAN2 的报文；MSTI2 以 SwitchF 为根交换机，转发 VLAN3 的报文。这样所有 VLAN 的内部均可以互通，同时不同 VLAN 的报文沿不同的路径转发，实现了负载分担。

3.1.4 MSTP 的基本概念和端口角色

1. 基本概念

MSTP 的基本概念示意图如图 3-6 所示，局域网内有 4 个 MST 域，每个域都由 4 台交换机构成。下面将结合图 3-6 解释 MSTP 的几个概念。

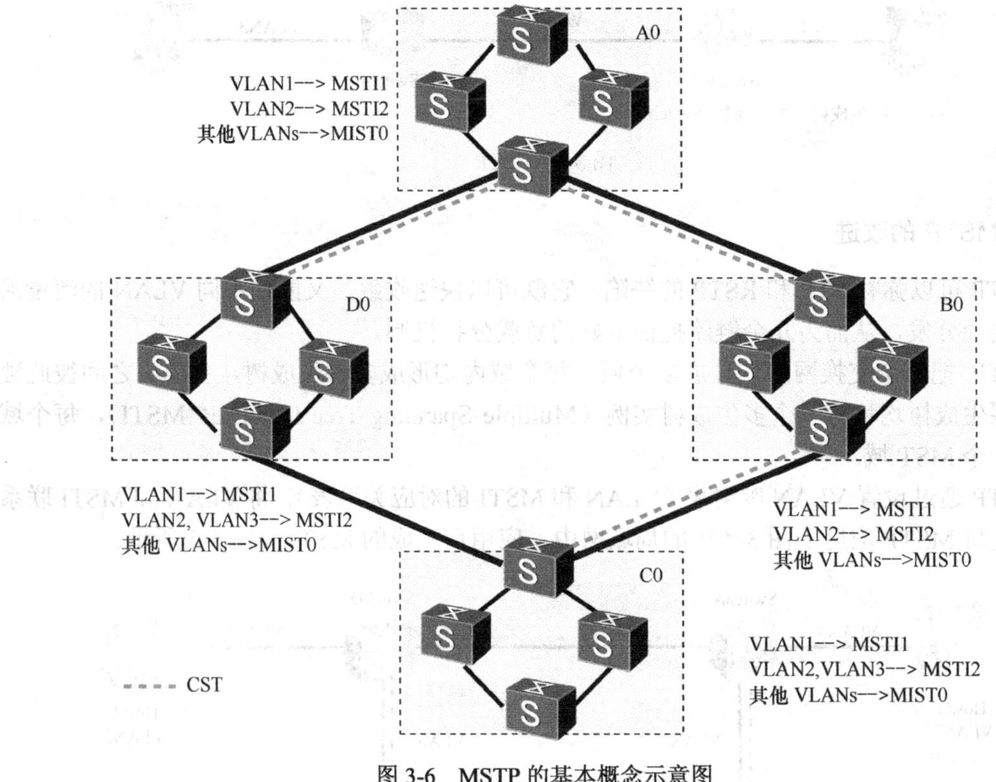

图 3-6 MSTP 的基本概念示意图

（1）MST 域。MST 域是多生成树域，由局域网中的多台交换机及它们之间的网段构成，例如，在图 3-6 中的 MST 域 A0、B0、C0、D0。一个局域网可以存在多个 MST 域，各 MST 域之间在物理上直接或间接相连。用户可以通过 MSTP 配置命令把多台交换机划分在同一个 MST 域内。

（2）MSTI 域。一个 MST 域内可以生成多棵生成树，各棵生成树之间彼此独立并分别和相应的 VLAN 对应，每棵生成树都称为一个 MSTI。在图 3-7 中，D0 域包含 3 个 MSTI：MSTI0、MSTI1 和 MSTI2。

（3）VLAN 映射表。VLAN 映射表是 MST 域的一个属性，它描述了 VLAN 和多生成树实例 MSTI 之间的映射关系。例如，在图 3-7 中，MST 域 D0 的 VLAN 映射表是 VLAN1 映射到 MSTI1，VLAN2 和 VLAN3 映射到 MSTI2，其余 VLAN 映射到 MSTI0。

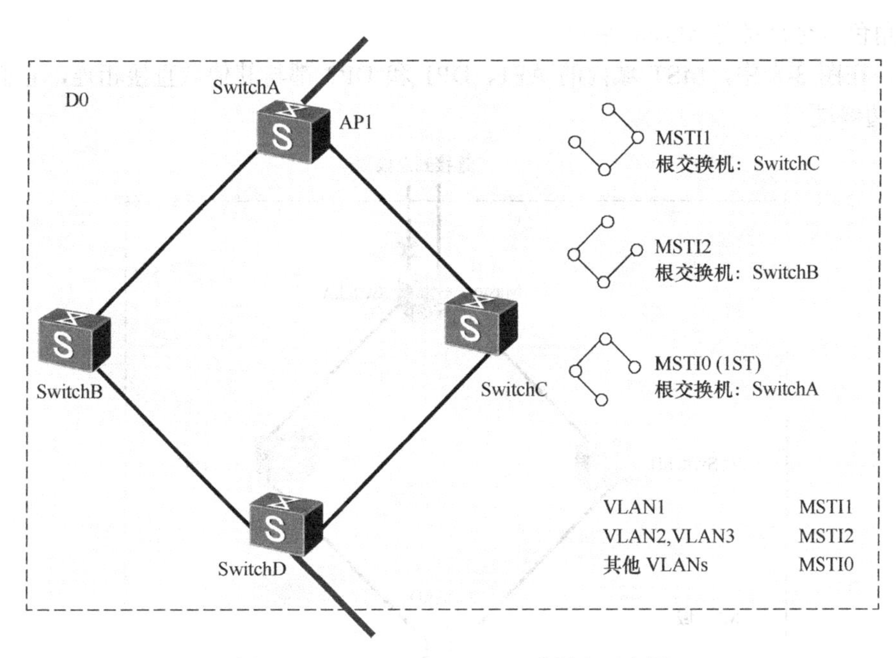

图3-7 MSTI、IST、VLAN映射表示意图

（4）CIST。公共和内部生成树（Common and Internal Spanning Tree，CIST）是通过STP协议、RSTP协议计算生成的，连接一个交换网络内所有交换机的单生成树。

（5）CST。公共生成树（Common Spanning Tree，CST）是连接交换网络内所有MST域的单生成树。若把每个MST域均看成一个“交换机”，CST就是这些“交换机”通过STP协议和RSTP协议计算生成的一棵生成树。例如，在图3-6中虚线描绘的是CST。

（6）IST。内部生成树（Internal Spanning Tree，IST）是各MST域内的一棵生成树，它是CIST在MST域中的一个片段，通常将它称为MSTI0。例如，在图3-7中MSTI0就是IST。所有MST域的IST加上CST就构成一棵完整的单生成树，即CIST。

（7）域根。域根（Regional Root）分为两种：CIST域根和MSTI域根。CIST域根是IST的树根；MSTI域根是每个多生成树实例的树根。

（8）总根。总根是CIST的根交换机（CIST Root）。

2. 端口的角色

MSTP在RSTP的基础上又增加了两种端口角色：Master端口和域边缘端口。

（1）Master端口。Master端口是MST域与总根相连的所有路径中最短路径上的端口，它是交换机上连接MST域到总根的端口。端口角色如图3-8所示，SwitchA、SwitchB、SwitchC、SwitchD和它们之间的链路构成一个MST域，SwitchA的端口AP1在域内的所有端口中到总根的路径开销最小，所以AP1为Master端口。

（2）域边缘端口。域边缘端口是指位于MST域的边缘并连接其他MST域，或者连接运行STP、RSTP区域的端口。

在进行MSTP计算时，域边缘端口在MSTI上的角色与CIST实例的角色保持一致，即若边缘端口在CIST实例上的角色是Master端口（连接域到总根的端口），则它在域内所有MST

实例上的角色也全部都是 Master 端口。

例如，在图 3-8 中，MST 域内的 AP1、DP1 和 DP2 都与其他域直接相连，它们都是该 MST 域的边缘端口。

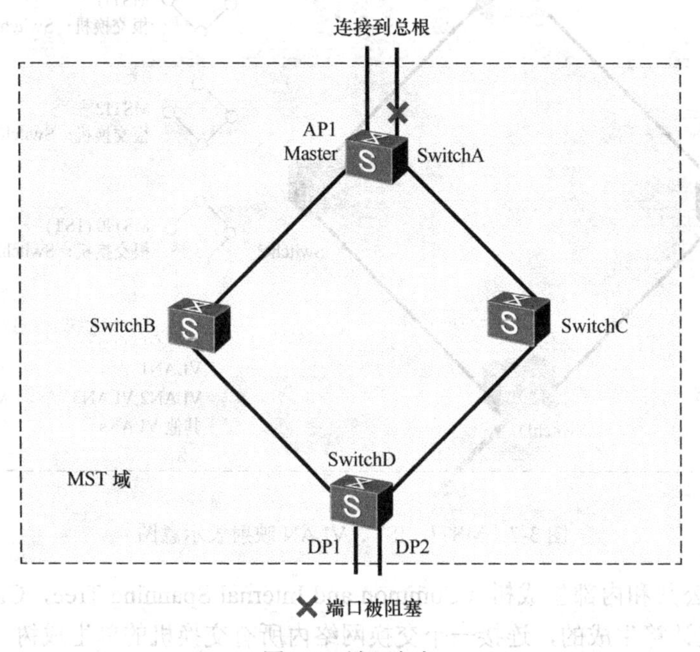

图 3-8 端口角色

3.1.5 MSTP 的基本原理

MSTP 将整个二层网络划分为多个 MST 域，把每个域都视为一个“交换机”。各个域之间按照 STP、RSTP 进行计算并生成 CST；域内则通过计算生成若干个 MSTI，其中实例 0 被称为 IST。

MSTP 使用多生成树桥数据单元（Multiple Spanning Tree Bridge Protocol Data Unit，MST BPDU）作为生成树计算的依据。

1. MSTI 的计算

在 MST 域内，MSTP 根据预先配置的 VLAN 映射表生成 MSTI。各个 MSTI 独立计算，保证与它有映射关系的所有 VLAN 均可以沿它转发 VLAN 内部报文。计算过程与 STP 计算生成树的过程类似。

2. CIST 生成树的计算

通过比较接收到的 BPDU 中的各交换机的 ID，在整个网络中 ID 最小的交换机将作为 CIST 的树根（即总根）。

在每个 MST 域内，MSTP 通过生成树算法计算出 IST；同时，MSTP 将每个 MST 域均看成单台交换机，通过生成树算法在域间形成 CST。在整个交换机网络中，CST 和 IST 构成了连接所有交换机的 CIST。

3.1.6 MSTP的保护功能

1. BPDU保护

在交换机上，通常将直接与用户终端（如计算机）或文件服务器等非交换机设备相连的端口配置为边缘端口，以实现这些端口的快速迁移。

这些端口在正常情况下是不会收到BPDU的，若有人伪造BPDU恶意攻击交换机，则会引起网络震荡。当这些端口接收到BPDU时，交换机会自动将这些端口设置为非边缘端口，并重新进行生成树计算，进而引起网络拓扑的震荡。

MSTP提供BPDU保护功能来防止这种攻击。当交换机上启动BPDU保护功能时，若边缘端口收到BPDU，则交换机将这些端口关闭，同时通知网管系统。被关闭的端口只能由网络管理人员手动恢复。

2. Root保护

由于维护人员的错误配置或网络中的恶意攻击，网络中的合法根交换机有可能会收到优先级更高的BPDU，使得合法根交换机失去根交换机的地位，引起网络拓扑结构的错误变动。这种不合法的变动会导致原来应该通过高速链路的流量被牵引到低速链路上，进而造成网络拥塞。

为了防止以上情况的发生，交换机提供Root保护功能。Root保护功能通过维持指定端口的角色来保护根交换机的地位。配置了Root保护功能的端口，在所有实例上的端口角色都保持为指定端口。

当端口收到优先级更高的BPDU时，端口的角色不会变为非指定端口，而是进入侦听状态，不再转发报文。经过足够长的时间，若端口一直没有再收到优先级较高的BPDU，则端口会恢复到原来的正常状态。

3. 环路保护

在交换机上，根端口与其他阻塞端口状态是依靠不断接收来自上游交换机的BPDU来维持的。当由于链路拥塞或者单向链路故障导致这些端口接收不到来自上游交换机的BPDU时，此时交换机会重新选择根端口。原先的根端口会转变为指定端口，而原先的阻塞端口会迁移到转发状态，进而造成交换网络中可能会产生环路，环路保护功能会抑制这种环路的产生。在启动了环路保护功能后，若根端口接收不到来自上游的BPDU，则根端口会被设置进入阻塞状态，而阻塞端口会一直保持在阻塞状态，不转发报文，进而不会在网络中形成环路。

3.2 配置交换机加入指定MST域

3.2.1 原理概述

将一台没有启动MSTP特性的交换机加入到MST域中，或一台交换机已启动MSTP特性，现需要通过改变它的MST域属性，将它加入到其他MST域中。默认情况下，MST域的域名等于交换机主控板的MAC地址，MST域内所有的VLAN都映射到生成树实例0中，MSTP域的修订级别为0。

3.2.2 配置命令

1. 配置MSTP工作模式

（1）进入系统视图。

```
<Huawei> system-view
```

（2）配置交换机的MSTP工作模式。

```
[Huawei] stp mode {stp | rstp | mstp}
```

2. 配置MST域

（1）进入MST域视图。

```
[Huawei] stp region-configuration
```

（2）配置MST域的域名。

```
[Huawei-mst-region] region-name name
```

（3）配置多生成树实例和VLAN的映射关系。

```
[Huawei-mst-region] instance instance-id vlan {vlan-id [to vlan-id]}
```

（4）配置MST域的MSTP修订级别。

```
[Huawei-mst-region] revision-level level
```

3. 配置交换机为根交换机或备份根交换

（1）配置交换机为根交换机。

```
[Huawei] stp [instance instance-id] root primary
```

（2）配置交换机为备份根交换机。

```
[Huawei] stp [instance instance-id] root secondary
```

当前交换机在各生成树实例中的根类型互相独立，它可以作为一个生成树实例的根交换机或备份根交换机，同时也可以作为其他生成树实例的根交换机或备份根交换机。在同一个生成树实例中，同一台交换机不能既作为根交换机，又作为备份根交换机。一般情况下，建议用户给一棵生成树指定一个树根和多个备份树根。

4. 配置交换机在指定生成树实例中的优先级

```
[Huawei] stp [instance instance-id] priority priority
```

交换机的优先级值越小，则交换机的优先级越高，它被选举为根交换机的可能性也越大。建议不要让其他交换机的优先级高于根交换机或备份根交换机的优先级，否则可能会使根交换机或备份根交换机失去它们的地位。默认情况下，交换机的优先级为32768。

5. 激活 MST 域的配置

（1）进入 MST 域视图。

```
[Huawei] stp region-configuration
```

（2）查看未生效的域参数。

```
[Huawei-mst-region] check region-configuration
```

（3）激活 MST 域的配置。

```
[Huawei-mst-region] active region-configuration
```

由于 MST 域相关参数（特别是 VLAN 映射表）的变化会引起 MSTP 重新计算生成树，从而引起网络拓扑震荡。因此，在激活 MST 域前，建议在 MST 域视图下使用 `check region-configuration` 命令查看未生效的域参数，在确认已设置的域参数无误后，使用 `active region-configuration` 命令来激活新的 MST 域配置。

3.2.3　配置示例

1. 组网需求

三台交换机 SwitchA、SwitchB 和 SwitchC 相连，配置交换机工作在 MSTP 模式，MST 域名为 abc，实例 1 与 Vlan10 映射，实例 2 与 Vlan20、Vlan30 映射，MST 域的 MSTP 修订级别为 1，SwitchA 为实例 1 的根，SwitchB 为实例 2 的根。

2. 实验拓扑

MSTP 的配置如图 3-9 所示。

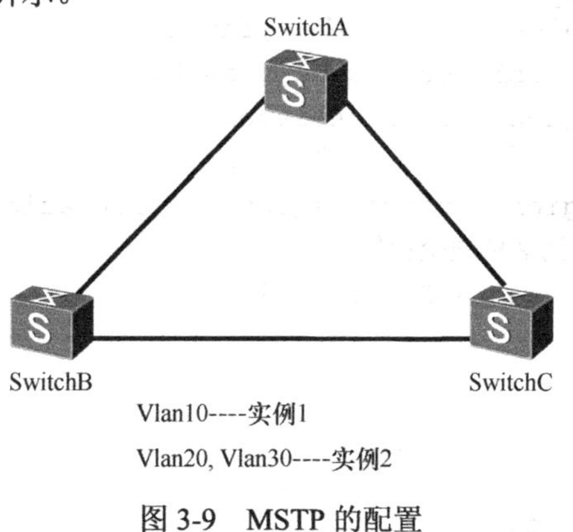

图 3-9　MSTP 的配置

3. 配置步骤

（1）配置 SwitchA。

```
# 创建 VLAN
[SwitchA] vlan 10
[SwitchA-vlan10] quit
[SwitchA] vlan 20
[SwitchA-vlan20] quit
[SwitchA] vlan 30
```

```
[SwitchA-vlan30] quit
# 配置 MST 域
[SwitchA] stp mode mstp
[SwitchA] stp region-configuration
[SwitchA-mst-region] region-name abc
[SwitchA-mst-region] instance 1 vlan 10
[SwitchA-mst-region] instance 2 vlan 20 30
[SwitchA-mst-region] revision-level 1
#激活 MST 域的配置
[SwitchA-mst-region] active region-configuration
#配置 SwitchA 为实例 1 的根交换机
[SwitchA] stp instance 1 root primary
```

（2）配置 SwitchB。

```
# 创建 VLAN
[SwitchB] vlan 10
[SwitchB-vlan10] quit
[SwitchB] vlan 20
[SwitchB-vlan20] quit
[SwitchB] vlan 30
[SwitchB-vlan30] quit
# 配置 MST 域
[SwitchB] stp mode mstp
[SwitchB] stp region-configuration
[SwitchB-mst-region] region-name abc
[SwitchB-mst-region] instance 1 vlan 10
[SwitchB-mst-region] instance 2 vlan 20 30
[SwitchB-mst-region] revision-level 1
#激活 MST 域的配置
[SwitchB-mst-region] active region-configuration
#配置 SwitchB 为实例 2 的根交换机
[SwitchB] stp instance 2 root primary
```

（3）配置 SwitchC。

```
# 创建 VLAN
[SwitchC] vlan 10
[SwitchC-vlan10] quit
[SwitchC] vlan 20
[SwitchC-vlan20] quit
[SwitchC] vlan 30
[SwitchC-vlan30] quit
# 配置 MST 域
[SwitchC] stp mode mstp
[SwitchC] stp region-configuration
[SwitchC-mst-region] region-name abc
[SwitchC-mst-region] instance 1 vlan 10
```

```
[SwitchC-mst-region] instance 2 vlan 20 30
[SwitchC-mst-region] revision-level 1
#激活 MST 域的配置
[SwitchC-mst-region] active region-configuration
```

3.3　配置 MSTP 保护功能

3.3.1　原理概述

推荐在以下情况下配置 MSTP 保护功能：在有边缘端口的交换机上配置 BPDU 保护功能；在根交换机上配置 Root 保护功能；在根端口与 Alternate 端口上同时配置环路保护功能。

在 MSTP 中，若某个端口位于网络的边缘，即该端口直接与终端设备直接相连而不再连接其他交换机，则该端口可以设置为边缘端口。边缘端口不参与 STP 运算，可以从 Disable 状态直接转换到 Forwarding 状态，并且该过程没有延时。但当该接口接收到配置 BPDU 时，将从边缘端口转换成非边缘端口，并重新进行生成树计算，从而引起网络震荡。配置 BPDU 保护功能后，若边缘端口接收到了配置 BPDU，MSTP 就将这些端口全部关闭。

合法根桥接收到优先级更高的配置 BPDU，将失去根桥的地位，引起网络拓扑结构的改变。设置根桥保护功能的端口，一旦收到优先级更高的配置 BPDU，该端口变为侦听状态，不再转发报文。

3.3.2　配置命令

1．配置交换机的 BPDU 保护功能

（1）配置边缘端口。

```
[Switch] interface Eth0/0/1
[Switch-Ethernet0/0/1] stp edged-port enable
```

（2）配置交换机的 BPDU 保护功能。

```
[Switch] stp bpdu-protection
```

2．配置端口的 Root 保护功能

```
[Switch] interface Eth0/0/1
[Switch-Ethernet0/0/1] stp root-protection
```

3．配置交换机的环路保护功能

```
[Switch] interface Eth0/0/1
[Switch-Ethernet0/0/1] stp loop-protection
```

第 4 章

路由器基本配置

4.1 IP 路由和路由表介绍

4.1.1 路由和路由段

在因特网中进行路由选择要使用路由器，路由器根据所接收到的报文的目的地址选择一条合适的路由，将报文传送到下一个路由器，路由中最后的路由器负责将报文送给目的主机。

在图 4-1 中，HostA 到 HostC 共经过了 3 个网络和 2 个路由器，跳数为 3。由此可见，若一个节点通过一个网络与另一个节点相连接，则此两个节点相隔一个路由段，这在因特网中是相邻的。相邻的路由器是指两个路由器连接在同一个网络上。一个路由器到本网络中的某个主机的路由段数为零。在图 4-1 中用粗箭头表示这些路由段。至于每个路由段又由哪几条物理链路构成，路由器并不关心。

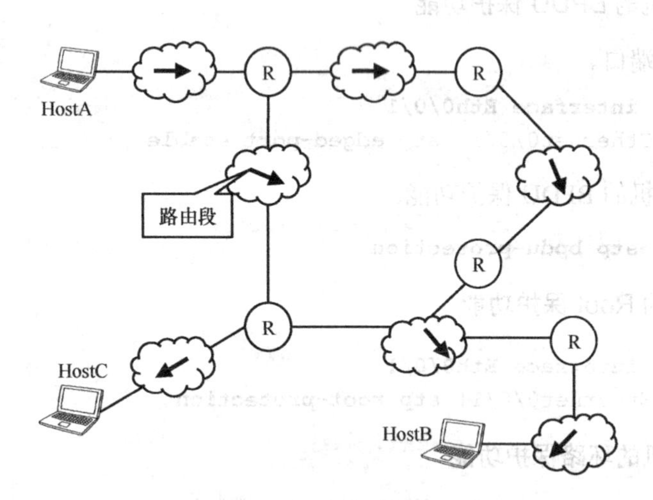

图 4-1　路由段的概念

由于网络大小可能相差很大，而每个路由段的实际长度并不相同，因此对不同的网络，可以将其路由段乘以一个加权系数，用加权后的路由段数来衡量通路的长短。

若把网络中的路由器看成网络中的节点，把因特网中的一个路由段看成网络中的一条链路，则因特网中的路由选择就与简单网络中的路由选择相似了。采用路由段数最小的路由有时也并不一定是最理想的。例如，经过三个高速局域网段的路由可能比经过两个低速广域网段的路由快得多。

4.1.2　通过路由表进行选路

路由器转发分组的关键是路由表。每个路由器中都保存着一张路由表，路由表中的每条路由项指明分组到某个子网或某台主机应通过路由器的哪个物理端口发送，然后就可到达该路径的下一个路由器，或者不再经过别的路由器而传送到直接相连的网络中的目的主机上。

路由表中包含了以下关键项。

（1）目的地址：用来标识 IP 包的目的地址或目的网络。

（2）网络掩码：与目的地址共同标识目的主机或路由器所在的网段的地址。将目的地址和网络掩码进行逻辑与运算后可得到目的主机或路由器所在网段的地址。例如，目的地址为 129.102.8.10，掩码为 255.255.0.0 的主机或路由器所在网段的地址为 129.102.0.0。掩码由若干个连续的“1”构成，既可以用点分十进制表示，又可以用掩码中连续“1”的个数来表示。

（3）输出接口：说明 IP 包将从该路由器哪个接口转发。

（4）下一跳 IP 地址：说明 IP 包所经由的下一个路由器。

（5）本条路由加入 IP 路由表的优先级：针对同一个目的地，可能存在不同下一跳的若干条路由，这些不同的路由可能由不同的路由协议发现，也可以是手动配置的静态路由。优先级高（数值小）的路由将成为当前的最优路由。

根据路由的目的地不同，可以分为：

（1）子网路由：目的地为子网；

（2）主机路由：目的地为主机。

另外，根据目的地与该路由器是否直接相连，又可分为：

（1）直接路由：目的地所在网络与路由器直接相连；

（2）间接路由：目的地所在网络与路由器不是直接相连的。

为了不使路由表过于庞大，可以设置一条默认路由。凡遇到查找路由表失败后的数据包就选择默认路由转发。

在图 4-2(a)比较复杂的因特网中，各网络中的数字是该网络的网络地址。由于路由器 8（R8）与三个网络相连，因此有三个 IP 地址和三个物理端口，其路由表如图 4-2(b)所示。

路由器支持对静态路由的配置，同时支持 RIP、OSPF、IS-IS 和 BGP 等一系列动态路由协议，另外路由器在运行过程中根据接口状态和用户配置会自动获得一些直接路由。

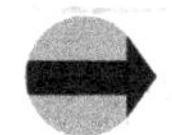

4.2　路由管理策略

可以使用手动配置到某一特定目的地的静态路由，也可以配置动态路由协议与网络中其他路由器交互，并通过路由算法来发现路由。用户配置的静态路由和由路由协议发现的动态路由在路由器中是统一管理的。静态路由与各路由协议之间发现或者配置的动态路由也可以在路由协议间共享。

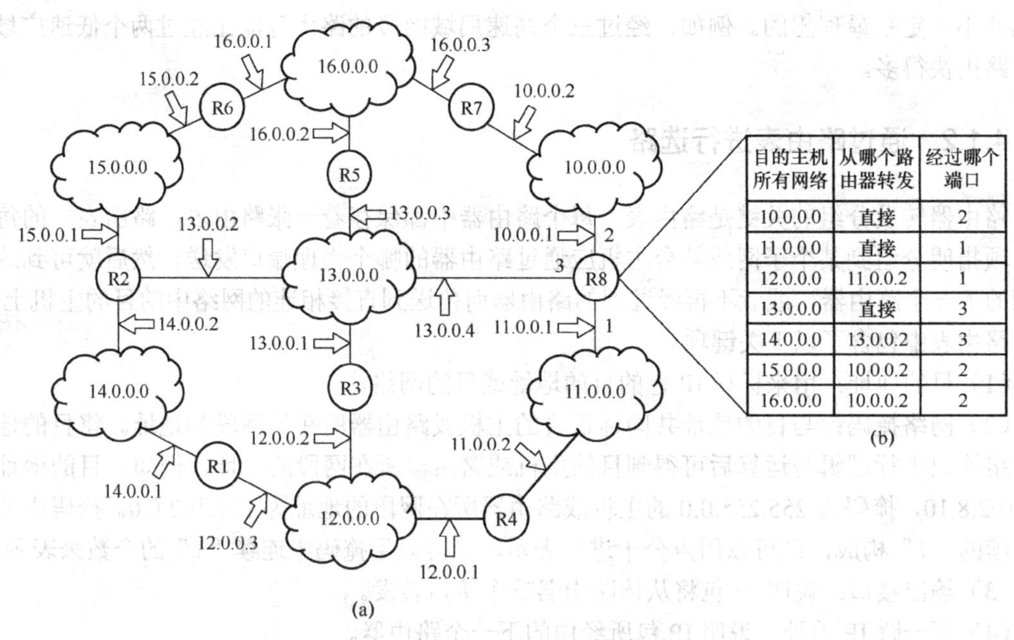

图 4-2　复杂因特网及其路由表

4.2.1　路由协议及其发现路由的优先级

若要求到达相同的目的地，则不同的路由协议（包括静态路由）可能会发现不同的路由，但并非这些路由都是最优的。事实上，在某一时刻，到某一目的地的当前路由仅能由唯一的路由协议来决定。这样，各路由协议（包括静态路由）都被赋予了一个优先级，这样当存在多个路由信息源时，具有较高优先级的路由协议发现的路由将成为当前路由。各种路由协议及其发现路由的默认优先级（数值越小表明优先级越高）如表 4-1 所示。其中，0 表示直接连接的路由，255 表示任何来自不可信源端的路由。

表 4-1　路由协议及其发现路由的默认优先级

路由协议或路由种类	相应路由的优先级	路由协议或路由种类	相应路由的优先级
DIRECT	0	OSPF ASE	150
OSPF	10	OSPF NSSA	150
IS-IS	15	IBGP	256
STATIC	60	EBGP	256
RIP	100	UNKNOWN	255

除直连路由（DIRECT）、IBGP 及 EBGP 外，各动态路由协议的优先级都可根据用户需求进行手动配置。另外，每条静态路由的优先级都可以不同。

4.2.2　对负载分担与路由备份的支持

1. 负载分担

支持多路由模式是指允许配置多条到同一目的地而且优先级相同的路由。到同一目的地而且优先级相同的路由指的是目的网络和掩码相同且优先级相同，但下一跳地址或者接口不相同的路由。当没有比到此目的地优先级更高的路由时，这几条路由都被系统采纳，在转发报文时，依次通过各条路径发送，进而实现网络的负载分担。路由负载分担只能在同一个路由协议的等价路由（即路由的 cost 代价相等）之间进行，如不能在所配置的静态路由和 OSPF 路由之间进行。目前，支持负载分担的路由协议有 4 种：静态路由、OSPF、BGP 和 IS-IS。

负载分担的实现方式有以下三种。

（1）基于流的负载分担。默认情况下，路由器具有快速转发功能，此时路由器只能基于流进行负载分担。例如，当前路由器上存在两条等价路由，若此时只有一个数据流，则将从一条路由上转发；若有两个数据流，则两条路由各转发一个数据流。子接口也支持快速转发，实现基于流的负载分担。

（2）基于报文的负载分担。当关闭快速转发功能后，路由器将基于报文进行负载分担，即将待发送报文均匀分配到两条路由上。

（3）基于带宽的非平衡负载分担。默认情况下，路由按接口物理带宽进行负载分担；当用户为接口配置了指定的负载带宽后，路由器将按照用户指定的接口带宽进行负载分担，即根据接口间的带宽比例关系，向大带宽接口发送大量数据，向小带宽接口发送少量数据。

2. 路由备份

支持路由备份是指当主路由发生故障时，自动切换到备份路由，进而提高用户网络的可靠性。为了实现路由的备份，用户可以根据实际情况配置到达同一目的地的多条路由，其中一条路由的优先级最高，称为主路由，其余的路由优先级依次递减，称为备份路由。这样，正常情况下，路由器采用主路由发送数据。当线路发生故障时，该路由自动隐藏，路由器会选择余下的优先级最高的备份路由作为数据发送的途径。这样，也就实现了主路由到备份路由的切换。当主路由恢复正常时，路由器恢复相应的路由，并重新选择该主路由。由于主路由的优先级最高，因此路由器选择主路由来发送数据，该过程是备份路由到主路由的自动切换。

4.2.3 路由协议之间的共享

由于各路由协议的算法不同，不同的协议可能会发现不同的路由，因此各路由协议之间存在如何共享各自发现结果的问题。路由器支持将一种路由协议发现的路由引入（Import-Route）到另一种路由协议中，每种协议都有相应的路由引入机制。

4.3 静态路由简介

4.3.1 静态路由

静态路由（Static Routing）是一种特殊的路由，它由管理员手动配置而成。通过静态路由的配置可建立一个互通的网络，但这种配置的缺点在于：当一个网络发生故障后，静态路由不会自动发生改变，必须有管理员的介入。在组网结构比较简单的网络中，只需配置静态路由就可以使路由器正常工作，仔细设置和使用静态路由可以提高网络的性能，并可以为重要的应用保证带宽。

静态路由适合在规模较小、路由表也相对简单的网络中使用。随着网络规模的扩大，在大规模的网络中，路由器的数量很多，路由表的表项较多。在这样的网络中对路由表进行手动配置，除配置繁杂外，还有一个更明显的问题就是手动配置不能自动适应网络拓扑结构的变化。对于大规模网络而言，若网络拓扑结构改变或网络链路发生故障，则路由器上指导数据转发的路由表就应该发生相应变化。若仍然采用静态路由，则通过手动配置方法修改路由表，这样的方式会对管理员形成很大压力。但在小规模的网络中，静态路由也有它的一些优点。

（1）手动配置可以精确控制路由选择，提高网络的性能。

（2）不需要动态路由协议参与，这将会减少路由器的开销，为重要的应用保证带宽。

4.3.2 默认路由

默认路由是一种特殊的路由，可以通过静态路由配置，某些动态路由协议也可以生成默认路由，如 OSPF 和 IS-IS。

简单地说，默认路由就是在没有找到匹配的路由时才使用的路由，即只有当没有合适的路由时，默认路由才被使用。在路由表中，默认路由以网络 0.0.0.0（掩码为 0.0.0.0）的路由形式出现。可通过命令 display ip routing-table 的输出查看网络掩码是否被设置。若报文的目的地不能与任何路由相匹配，则系统将使用默认路由转发该报文。若没有默认路由且报文的目的地不在路由表中，则该报文被丢弃，同时，向源端返回一个 ICMP 报文报告该目的地址或网络不可达。

4.4 静态路由配置

4.4.1 配置静态路由

增加一条静态路由。

```
[Huawei] ip route-static ip-address {mask | mask-length} [interface-type interface-number] [nexthop-address] [preference value] [tag Tag-value]
```

删除一条静态路由。

```
[Huawei] undo ip route-static ip-address {mask | mask-length} [interface-name] [nexthop-address] [preference value] [tag Tag-value]
```

各参数的解释如下。

（1）IP 地址和掩码。IP 地址为点分十进制格式，由于要求掩码 32 位中的“1”必须是连续的，因此掩码可以用点分十进制表示，也可用掩码长度（即掩码中'1'的位数）表示。

（2）发送接口或下一跳地址。在配置静态路由时，可指定发送接口的 interface-type 和 interface-number，也可指定下一跳地址 nexthop-address。究竟是指定发送接口还是指定下一跳地址要视具体情况而定。

实际上，所有的路由项都必须明确下一跳地址。在发送报文时，首先根据报文的目的地址寻找路由表中与之匹配的路由。只有路由指定了下一跳地址，链路层才能通过下一跳 IP 地址找到对应的链路层地址，然后按照该地址将报文转发。

在以下几种情况下可以指定发送接口。对点到点接口而言，指定发送接口即隐含指定了下一跳地址，这时认为与该接口相连的对端接口地址就是路由的下一跳地址。如 Serial 封装 PPP 协议，通过 PPP 协商获取对端的 IP 地址，这时可以不用指定下一跳地址，只需指定发送接口即可。对 NBMA 接口（如 ATM 接口）而言，支持点到多点，这时除配置 IP 路由外，还需在链路层建立二次路由，即 IP 地址到链路层地址的映射。这种情况下应配置下一跳 IP 地址。

（3）优先级。对优先级的不同配置，可以灵活应用路由管理策略。

4.4.2 配置静态默认路由

（1）配置静态默认路由。

```
[Router] ip route-static 0.0.0.0 {0.0.0.0 | 0} {interface-type interface-number | nexthop-address} [preference value] [tag tag-value] [descriptionstring]
```

（2）删除静态默认路由。

```
[Router] undo ip route-static 0.0.0.0 {0.0.0.0 | 0} {interface-type interface-number | nexthop-address} [preference value]
```

以上命令中各参数意义与静态路由中的各参数意义均相同。

（3）删除全部静态路由。在系统视图下进行如下配置。

```
[Router] undo ip route-static all
```

使用此命令可以删除配置的全部静态路由，包括静态默认路由。

4.5 路由表的显示和调试

在完成上述配置后，在所有视图下执行 display 命令均可以显示配置后的静态路由信息，用户可以通过查看显示信息验证配置的效果。路由表的显示和调试如表 4-2 所示。

表 4-2 路由表的显示和调试

操作	命令
查看路由表的摘要信息	**display ip routing-table**
查看路由表的详细信息	**display ip routing-table verbose**
查看指定目的地址的路由	**display ip routing-table** *ip-address* [*mask*] [**longer-match**] [**verbose**]
查看指定目的地址范围内的路由	**display ip routing-table** *ip-address1 mask1 ip-address2 mask2* [**verbose**]
查看通过指定标准访问控制列表过滤的路由	**display ip routing-table acl** *acl-number* [**verbose**]
查看通过指定前缀列表过滤的路由	**display ip routing-table ip-prefix** *ip-prefix-number* [**verbose**]
查看指定协议发现的路由	**display ip routing-table protocol** *protocol* [**inactive** | **verbose**]
查看路由表的统计信息	**display ip routing-table statistics**
清除路由表信息	**reset ip routing-table statistics protocol** *protocol-type*

4.6 静态路由典型配置举例

1. 组网需求

静态路由配置的组网图如图 4-3 所示，要求配置静态路由，使任意三台主机（HostA、HostB 和 HostC）或路由器（RouterA、RouterB 和 RouterC）之间都能互通。

2. 组网图

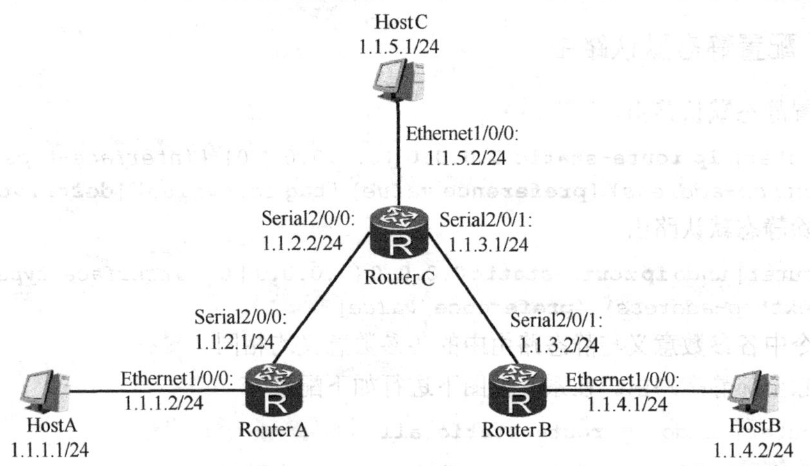

图 4-3 静态路由配置的组网图

3. 配置步骤

配置 RouterA 的静态路由。

```
[RouterA] ip route-static 1.1.3.0 255.255.255.0 1.1.2.2
[RouterA] ip route-static 1.1.4.0 255.255.255.0 1.1.2.2
[RouterA] ip route-static 1.1.5.0 255.255.255.0 1.1.2.2
```

或只配置默认路由。

```
[RouterA] ip route-static 0.0.0.0 0.0.0.0 1.1.2.2
```

配置 RouterB 的静态路由。

```
[RouterB] ip route-static 1.1.2.0 255.255.255.0 1.1.3.1
[RouterB] ip route-static 1.1.5.0 255.255.255.0 1.1.3.1
[RouterB] ip route-static 1.1.1.0 255.255.255.0 1.1.3.1
```

或只配默认路由。

```
[RouterB] ip route-static 0.0.0.0 0.0.0.0 1.1.3.1
```

配置 RouterC 的静态路由。

```
[RouterC] ip route-static 1.1.1.0 255.255.255.0 1.1.2.1
[RouterC] ip route-static 1.1.4.0 255.255.255.0 1.1.3.2
```

HostA 上配置的默认网关为 1.1.1.2，HostB 上配置的默认网关为 1.1.4.1，HostC 上配置的默认网关为 1.1.5.2。至此图 4-3 中所有主机或路由器之间均能两两互通。

4.7 静态路由配置故障的诊断与排除

静态路由配置的故障之一是路由器没有配置动态路由协议，接口的物理状态和链路层协议状态均已处于 UP 状态，但 IP 报文不能正常转发。

对以上故障排除的方法有：利用 `display ip routing-table protocol static` 命令查看是否正确配置相应静态路由；利用 `display ip routing-table` 命令查看该静态路由是否已经生效；查看是否在 NBMA 接口上未指定下一跳地址或指定的下一跳地址不正确，并查看 NBMA 接口的链路层二次路由表是否配置正确。

第 5 章

RIP 配置

5.1 RIP 简介

RIP 是 Routing Information Protocol（路由信息协议）的简称，它是一种较为简单的内部网关协议（Interior Gateway Protocol，IGP），主要用于规模较小的网络中。

由于 RIP 的实现较为简单，协议本身的开销对网络的性能影响比较小，并且在配置和维护管理方面也比 OSPF 或 IS-IS 容易，因此 RIP 在实际组网中仍有广泛的应用。

5.1.1 RIP 的工作机制

1．RIP 的基本概念

RIP 是一种基于距离矢量（Distance-Vector）算法的协议，它通过 UDP 报文进行路由信息的交换。

RIP 通过跳数（Hop Count）来衡量到达目的网络的距离，该跳数称为路由权（Routing Cost）。在 RIP 中，路由器与其本身直接相连网络之间的跳数为 0，通过一个路由器可达的网络的跳数为 1，其余依此类推。为限制收敛时间，RIP 规定 cost 取值为 0～15 之间的整数，大于或等于 16 的跳数被定义为无穷大，即目的网络或主机不可达。

为提高性能，防止产生路由环，RIP 支持水平分割（Split Horizon），即不从某个接口发送该接口连接的路由。RIP 还可引入其他路由协议所得到的路由。

2．RIP 的路由数据库

每个运行 RIP 的路由器均管理一个路由数据库，该路由数据库包含所有可达目的网络的路由项，这些路由项包含以下信息。

（1）目的地址：主机或网络的地址。

（2）下一跳地址：为到达目的地，该路由器要经过的下一个路由器地址。

（3）接口：转发报文的接口。

（4）路由权值：该路由器到达目的地的跳数，它是一个 0～15 之间的整数。

（5）路由时间：从路由项最后一次被修改到现在所经过的时间，路由项每次被修改时，路由时间均重置为 0。

（6）路由标记：区分路由是内部路由协议的路由还是引入外部路由协议的路由的标记。

3. RIP使用的定时器

RFC1058规定，RIP受三个定时器控制，这三个定时器分别是Period Update、Timeout和Garbage- collection。

（1）Period Update为定时触发，向所有邻居发送全部RIP路由，华为设备默认值为30s。

（2）RIP路由若在Timeout时间内没有被更新（收到邻居发来的路由刷新报文），则认为该路由不可达，华为设备默认值为180s。

（3）若在Garbage-collection时间内，不可达路由没有收到来自同一邻居的更新，则该路由从路由表中被删除，华为设备默认值为120s。

5.1.2 RIP的版本

RIP有两个版本分别为RIPv1和RIPv2。RIPv1是有类别路由协议（Classful Routing Protocol），它只支持以广播方式发布协议报文。RIPv1的协议报文中没有携带掩码信息，它只能识别A、B、C类这样的自然网段的路由，因此RIPv1无法支持路由聚合，也不支持不连续子网（Discontinuous Subnet）。RIPv1报文格式如图5-1所示（一个RIP报文最多携带25条路由）。

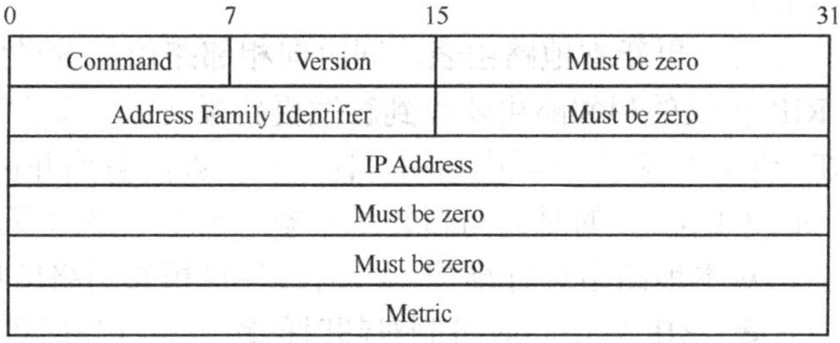

<table>
<tr><td>0</td><td>7</td><td>15</td><td>31</td></tr>
<tr><td>Command</td><td>Version</td><td colspan="2">Must be zero</td></tr>
<tr><td colspan="2">Address Family Identifier</td><td colspan="2">Must be zero</td></tr>
<tr><td colspan="4">IP Address</td></tr>
<tr><td colspan="4">Must be zero</td></tr>
<tr><td colspan="4">Must be zero</td></tr>
<tr><td colspan="4">Metric</td></tr>
</table>

图5-1 RIPv1报文格式

Command：RIP协议消息类型，其值为1时是RIP请求信息（Request消息）；其值为2时是RIP响应信息（Response消息）。

Version：RIP协议版本，其值为1时使用RIPv1版本。

Address Family Identifier：协议簇，该字段长度为4个字节。对于TCP/IP协议簇，该字段长度为2个字节。

IP Address：路由项的目的网络地址。

Metric：到达目的网络的跳数。

RIPv2是一种无分类路由协议（Classless Routing Protocol），其报文格式如图5-2所示。

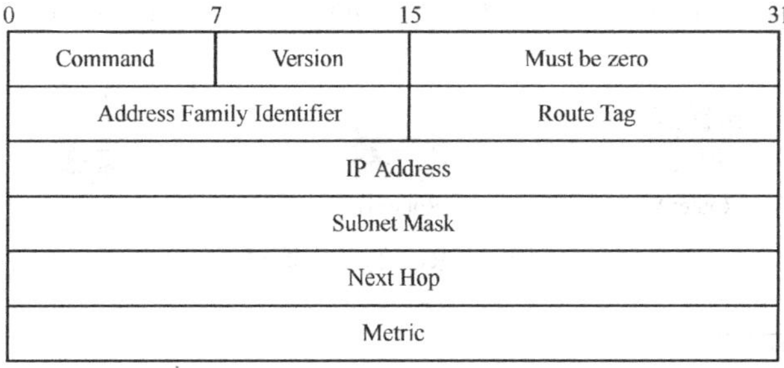

<table>
<tr><td>0</td><td>7</td><td>15</td><td>31</td></tr>
<tr><td>Command</td><td>Version</td><td colspan="2">Must be zero</td></tr>
<tr><td colspan="2">Address Family Identifier</td><td colspan="2">Route Tag</td></tr>
<tr><td colspan="4">IP Address</td></tr>
<tr><td colspan="4">Subnet Mask</td></tr>
<tr><td colspan="4">Next Hop</td></tr>
<tr><td colspan="4">Metric</td></tr>
</table>

图5-2 RIPv2报文格式

Route Tag：用于标记外部路由或者路由引入到RIPv2协议中的路由。

Subnet Mask：用来标识使用 IPv4 地址的网络和子网部分。

Next Hop：到达目的网络的下一跳 IP 地址。

与 RIPv1 相比，RIPv2 具有以下优点。

（1）支持外部路由标记（Route Tag），可以在路由策略中根据 Tag 对路由进行灵活控制。

（2）报文中携带掩码信息，支持路由聚合和无类型域间选路（Classless Inter Domain Routing，CIDR）。

（3）支持指定下一跳，在广播网上可以选择到达最优下一跳地址。

（4）支持组播路由发送更新报文，减少资源消耗。

（5）支持对协议报文进行验证，并提供明文验证和 MD5 密文验证两种方式，提高安全性。

5.1.3 RIP 的启动和运行过程

RIPv1 启动和运行的整个过程可描述如下。

某个路由器刚启动 RIP 时，以广播的形式向相邻路由器发送请求报文（Request 消息），运行 RIP 协议的相邻路由器的 RIP 收到请求报文后响应该请求，回送包含本地路由表信息的响应报文（Response 消息）。

路由器收到响应报文后，更新本地路由表，同时向相邻路由器发送触发更新报文，广播路由更新信息。运行 RIP 协议的相邻路由器收到触发更新报文后，又向其各自的相邻路由器发送触发更新报文。在一连串的触发更新广播后，各路由器都能得到并保持最新的路由信息。

同时，RIP 每隔 Period Update 的时间向相邻路由器广播本地路由表，运行 RIP 协议的相邻路由器在收到报文后，对本地路由进行维护，再向其各自相邻网络广播更新信息，使更新的路由最终能达到全局有效。RIP 采用超时机制对超时的路由进行超时处理，以保证路由的实时性和有效性。

RIPv2 的启动和运行过程与 RIPv1 的基本相同，但其更新报文是发送到组播地址 224.0.0.9，而非广播报文。

RIP 将跳数作为网络距离的尺度。每个路由器在给相邻路由器发出路由信息时，都会给每条路径加上内部距离。RIP 的工作原理如图 5-3 所示，RouterC 直接与网络 C 相连，当 RouterC 向 RouterB 通告网络 140.10.1.0 的路径时，跳数增加 1。与之相似，RouterB 把网络 140.10.1.0 的跳数增加到 2 后通告给 RouterA，则 RouterB 和 RouterA 到 RouterC 所连网络 140.10.1.0 的距离分别是 1 跳和 2 跳。

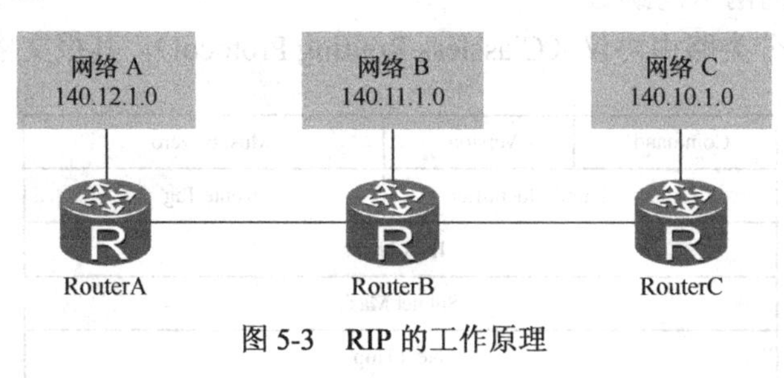

图 5-3 RIP 的工作原理

5.2 RIP 配置

配置 RIP 时必须先启动 RIP，才能配置其特性。而配置与接口相关的特性不受 RIP 是否使能的限制。需要注意的是，在关闭RIP后，与RIP相关的接口参数也同时失效。

1. 启动RIP

启动RIP并进入RIP视图。

```
[Router] rip
```

停止RIP的运行。

```
[Router] undo rip
```

默认情况下，RIP没有启动。RIP的大部分特性都需要在RIP视图下配置，接口视图下也有部分RIP相关属性的配置。若启动RIP前先在接口视图下进行RIP的相关配置，则这些配置只有在RIP启动后才会生效。需要注意的是，在执行 undo rip 命令关闭RIP后，接口上与RIP相关的配置也将被删除。

2. 在指定网段使能RIP

为了灵活地控制RIP工作，可以指定某些接口，将其所在的相应网段配置成RIP网络，使这些接口可收/发RIP报文。

在指定的网络接口上应用RIP。

```
[Router-rip-1] network network-address
```

在指定的网络接口上取消应用RIP。

```
[Router-rip-1] undo network network-address
```

RIP只在指定网段上的接口运行。对于不在指定网段上的接口，RIP既不在它上面接收和发送路由，又不将它的接口路由转发出去，因此，RIP启动后必须指定其工作网段。network-address 为使能或不使能的网络地址，也可将其配置为各个接口IP网络的地址。

对于RIPv1，路由协议在发布路由信息时有如下情况需要注意。

（1）若当前路由的目的地址和发送接口的地址不在同一主网（指自然网段），则超网路由不发送给邻居，而子网路由按自然网段聚合后再发送给邻居。

（2）若当前的路由的目的地址和发送接口地址在同一主网，则如果路由的目的地址的掩码和接口掩码不相等，那么不发送给邻居；否则直接发送给邻居。

（3）默认情况下，任何网段都未使能RIP。

3. 配置水平分割

水平分割是指不从本接口发送更新信息而从该接口接收更新信息的路由，它可以在一定程度上避免产生路由环路。但在某些特殊情况下，却需要禁止使用水平分割，以保证路由的正确传播。禁止使用水平分割对点到点链路不起作用，但对以太网来说是可行的。默认情况下，接口允许使用水平分割。

启动水平分割。

```
[Router-Serial0/0/0] rip split-horizon
```

禁止水平分割。

```
[Router-GigabitEthernet0/0/0] undo rip split-horizon
```

4. 配置附加路由权

附加路由权是对 RIP 路由添加的输入或输出路由权值，附加路由权并不直接改变路由表中的路由权值，而是在接收或发送路由时增加一个指定的权值。需要在接口视图下进行下列配置。

设置接口在接收 RIP 报文时给路由附加路由权值。

```
[Router-Serial0/0/0] rip metricin value
```

禁止接口在接收 RIP 报文时给路由附加路由权值。

```
[Router-Serial0/0/0] undo rip metricin
```

设置接口在发送 RIP 报文时给路由附加路由权值。

```
[Router-Serial0/0/0] rip metricout value [all-route]
```

禁止接口在发送 RIP 报文时给路由附加路由权值。

```
[Router-Serial0/0/0] undo rip metricout
```

默认情况下，RIP 在发送报文时给路由增加的附加路由权值为 1；在接收报文时给路由增加的附加路由权值为 0。

5. 配置 RIP 的路由引入

RIP 允许用户将其他路由协议的路由信息引入到 RIP 路由表中，并可以设置引入时使用的默认路由权。可引入到 RIP 路由表中的路由类型包括 Direct、Static、OSPF、BGP 和 IS-IS。需要在 RIP 视图下进行下列配置。

引入其他协议的路由。

```
[Router-rip-1] import-route protocol [allow-ibgp] [cost value] [route-policy
policy-name]
```

取消对其他协议路由的引入。

```
[Router-rip-1] undo import-route protocol
```

设定默认路由权值。

```
[Router-rip-1] default cost value
```

恢复默认路由权值。

```
[Router-rip-1] undo default cost
```

注意：默认情况下，RIP 不引入其他协议的路由。

当 protocol 为 BGP 时，allow-ibgp 为可选关键字。import-route protocol 表示只引入 EBGP 路由，import-route protocol allow-ibgp 表示引入 IBGP 路由，该配置危险，请慎用。若在引入路由时没有指定路由权，则使用默认路由权，其默认值为 1。

6. 配置 RIP 的路由过滤

路由器提供路由过滤功能，通过指定访问控制列表、地址前缀列表及路由策略，对路由的接收、发布、引入进行过滤。

（1）配置 RIP 对接收的路由进行过滤。RIP 协议中的 filter-policy import 是对从邻居发来的路由表直接进行过滤，是对接收到的本路由协议的路由进行过滤，被过滤掉的路由不会出现在本地路由表中。

对接收的、由指定地址发布的路由信息进行过滤。

```
[Router-rip-1] filter-policy gateway ip-prefix-name import
```

取消对接收的、由指定地址发布的路由信息的过滤。

```
[Router-rip-1] undo filter-policy gateway ip-prefix-name import
```

对接收的全局路由信息进行过滤。

```
[Router-rip-1] filter-policy {acl-number | ip-prefix ip-prefix-name [gateway ip-prefix-name]} import
```

取消对接收的全局路由信息的过滤。

```
[Router-rip-1] undo filter-policy {acl-number | ip-prefix ip-prefix-name [gateway ip-prefix-name]} import
```

（2）配置 RIP 对发布的路由进行过滤。filter-policy 命令对向邻居发布的路由表进行过滤，即满足过滤条件的路由不向邻居通告。默认情况下，RIP 不对接收与发布的任何路由信息进行过滤。

对其他路由协议发布到 RIP 的路由进行过滤。

```
[Router-rip-1] filter-policy {acl-number | ip-prefix ip-prefix-name | route-policy route-policy-name} export [routing-protocol]
```

取消对发布的路由信息的过滤。

```
[Router-rip-1] undo filter-policy {acl-number | ip-prefix ip-prefix-name | route-policy route-policy-name} export [routing-protocol]
```

当在此命令中指定 routing-protocol 时，可用于过滤从指定路由协议引入的路由。

7. 禁止 RIP 接收主机路由

在某些特殊情况下，路由器会接收到大量来自同一网段的主机路由，这些路由对于路由寻址没有多少作用，却占用了大量网络资源。配置了禁止主机路由功能后，路由器能够拒绝接收主机路由。默认情况下，路由器接收主机路由。

允许接收主机路由。

```
[Router-rip-1] host-route
```

禁止接收主机路由。

```
[Router-rip-1] undo host-route
```

8. 配置 RIP 的路由聚合

路由聚合是指在向外（其他网段）发送同一自然网段内的不同子网的路由时，先聚合成一条自然掩码的路由然后再发送。这个功能主要用于减小路由表的尺寸，进而减少网络上的流量。路由聚合对 RIPv1 不起作用，RIPv2 支持无类地址域间路由。当需要将所有子网路由都广播出去时，可关闭 RIPv2 的路由聚合功能。默认情况下，RIPv2 启用路由聚合功能。

启动 RIPv2 的路由聚合功能。

```
[Router-rip-1] summary
```

关闭 RIPv2 的路由聚合功能。

```
[Router-rip-1] undo summary
```

9. 配置 RIP 优先级

每种路由协议都有自己的优先级，协议的优先级将影响路由策略采用哪种路由协议获取的路由作为最优路由。优先级的数值越大，优先级越低。默认情况下，RIP 的优先级为 100，可以手动设定 RIP 的优先级。

设置 RIP 协议的优先级。

```
[Router-rip-1] preference value
```

将 RIP 协议的优先级恢复为默认值。

```
[Router-rip-1] undo preference
```

10. 配置 RIP 定时器

RIP 有三个定时器：Period Update、Timeout 和 Garbage-collection。若改变这三个定时器的值，则影响 RIP 的收敛速度。

配置 RIP 定时器的值。

```
[Router-rip-1] timers rip periodic-update-time age-time garbage-collection-time
```

恢复 RIP 定时器的默认值。

```
[Router-rip-1] undo timers rip
```

RIP 定时器的值在更改后立即生效。默认情况下，Period Update 定时器的超时时间是 30s，Timeout 定时器超时时间是 180s，Garbage-collection 定时器的超时时间是 Period Update 定时器超时时间的 4 倍，即 120s。

在实际应用中，用户可能会发现 Garbage-collection 定时器的超时时间并不固定，当 Period Update 定时器的超时时间设为 30s 时，Garbage-collection 定时器的超时时间可能在 90s～120s 之间。这是因为不可达路由在被从路由表中彻底删除前，需要等待 4 个来自同一邻居的更新报文，但路由变为不可达状态并不总是恰好在一个更新周期开始的，因此 Garbage-collection 定时器的实际超时时间是 Period Update 定时器超时时间的 3～4 倍。

11. 配置接口的 RIP 版本

RIP 有 RIPv1 和 RIPv2 两个版本，可以指定接口处理的 RIP 报文版本。

RIPv1 的报文传送方式为广播方式。RIPv2 有两种报文传送方式：广播方式和组播方式，默认采用组播方式发送报文。RIPv2 中组播地址为 224.0.0.9，组播发送报文的优点是在同一网络中那些没有运行 RIP 的主机可以避免接收 RIP 的广播报文；另外，以组播方式发送报文还可以避免运行 RIPv1 的主机错误地接收和处理 RIPv2 中带子网掩码的路由。当接口运行 RIPv2 时，也可接收 RIPv1 的报文。

配置指定接口的 RIP 版本为 RIPv1。

```
[Router-Serial0/0/0] rip version 1
```

配置指定接口的RIP版本为RIPv2。

```
[Router-Serial0/0/0] rip version 2 [broadcast | multicast]
```

将接口运行的RIP版本恢复为默认值。

```
[Router-Serial0/0/0] undo rip version
```

默认情况下，接口接收和发送RIPv1报文。若指定接口RIP版本为RIPv2，则默认使用组播形式发送报文。

12. 配置RIP报文认证

RIPv1不支持报文认证，但当接口运行RIPv2时，可以配置报文的认证方式。RIPv2支持两种认证方式：明文认证和MD5密文认证。MD5密文认证的报文格式有两种：一种遵循RFC2453；另一种遵循RFC2082。明文认证不能提供安全保障，因为未加密的认证字随报文一同传送，所以明文认证不能用于安全性要求较高的情况。

对RIPv2进行明文认证。

```
[Router-Serial0/0/0] rip authentication-mode simple password
```

对RIPv2进行通用的MD5密文认证。

```
[Router-Serial0/0/0] rip authentication-mode md5 usual key-string
```

对RIPv2进行非标准兼容的MD5密文认证。

```
[Router-Serial0/0/0] rip authentication-mode md5 nonstandard key-string
key-id
```

取消对RIPv2的明文认证。

```
[Router-Serial0/0/0] undo rip authentication-mode
```

13. 配置接口的工作状态

在接口视图中可指定RIP在接口上的工作状态。例如，接口上是否运行RIP，即是否在接口发送和接收RIP更新报文，还可单独指定发送（或接收）RIP更新报文。

允许接口接收RIP更新报文。

```
[Router-Serial0/0/0] rip input
```

禁止接口接收RIP更新报文。

```
[Router-Serial0/0/0] undo rip input
```

允许接口发送RIP更新报文。

```
[Router-Serial0/0/0] rip output
```

禁止接口发送RIP更新报文。

```
[Router-Serial0/0/0] undo rip output
```

默认情况下，一个接口既接收RIP更新报文，又发送RIP更新报文。

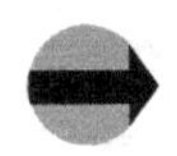 5.3 RIP 显示和调试

在完成上述配置后，在所有视图下执行 display 命令都可以显示配置后 RIP 的运行情况，用户可以通过查看显示信息来验证配置的效果。在用户视图下执行 debugging 命令可对 RIP 进行调试。RIP 的显示和调试如表 5-1 所示。

表 5-1 RIP 的显示和调试

操作	命令
显示 RIP 的当前运行状态及配置信息	**display rip**
显示 RIP 的接口信息	**display rip interface [vpn-instance** *vpn-instance-name***]**
显示 RIP 的 MBGP 地址族相关配置	**display rip vpn-instance** *vpn-instance-name*
显示 RIP 路由表	**display rip routing [vpn-instance** *vpn-instance-name***]**
打开 RIP 的报文调试信息开关	**debugging rip packets [interface** *type number***]**
关闭 RIP 的报文调试信息开关	**undo debugging rip packets**
打开 RIP 的接收报文情况调试开关	**debugging rip receive**
关闭 RIP 的接收报文情况调试开关	**undo debugging rip receive**
打开 RIP 的发送报文情况调试开关	**debugging rip send**
关闭 RIP 的发送报文情况调试开关	**undo debugging rip send**

5.4 RIP 典型配置举例

5.4.1 配置指定接口的工作状态

1．组网需求

一个企业的内部网络通过 RouterA 连到 Internet，内部网络的主机直接连接到 RouterB 或 RouterC 上，要求在这三个路由器上均运行 RIP。RouterA 只接收从外部网络发来的路由信息，而不对外发布内部网络的路由信息。RouterA、RouterB、RouterC 之间能够交互 RIP 信息，以便于内部主机能够访问 Internet。

2．组网图

配置接口的工作状态如图 5-4 所示。

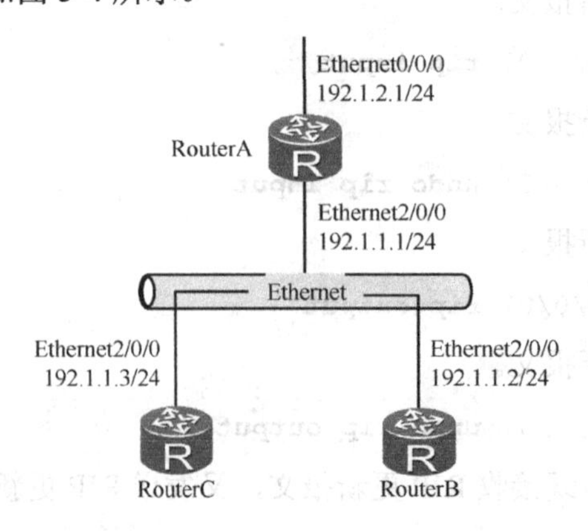

图 5-4 配置接口的工作状态

3. 配置步骤

（1）配置 RouterA。

```
#配置接口 Ethernet2/0/0 和 Ethernet0/0/0
[RouterA] interface ethernet 2/0/0
[RouterA-Ethernet2/0/0] ip address 192.1.1.1 255.255.255.0
[RouterA-Ethernet2/0/0] quit
[RouterA] interface ethernet 0/0/0
[RouterA-Ethernet6/0/0] ip address 192.1.2.1 255.255.255.0
#启动 RIP，并配置在接口 Ethernet2/0/0 和 Ethernet0/0/0 上运行 RIP
[RouterA] rip
[RouterA-rip] network 192.1.1.0
[RouterA-rip] network 192.1.2.0
#配置接口 Ethernet 0/0/0 只接收 RIP 报文
[RouterA] interface ethernet 0/0/0
[RouterA-Ethernet6/0/0] undo rip output
[RouterA-Ethernet6/0/0] rip input
```

（2）配置 RouterB。

```
#配置接口 Ethernet2/0/0
[RouterB] interface Ethernet 2/0/0
[RouterB-Ethernet2/0/0] ip address 192.1.1.2 255.255.255.0
#启动 RIP，并配置在接口 Ethernet2/0/0 上运行 RIP
[RouterB] rip
[RouterB-rip] network 192.1.1.0
[RouterB-rip] import direct
```

（3）配置 RouterC。

```
#配置接口 Ethernet 2/0/0
[RouterC] interface Ethernet 2/0/0
[RouterC-Ethernet2/0/0] ip address 192.1.1.3 255.255.255.0
#启动 RIP，并配置在接口 Ethernet2/0/0 运行 RIP
[RouterC] rip
[RouterC-rip] network 192.1.1.0
[RouterC-rip] import direct
```

5.4.2 调整 RIP 网络的收敛时间

1. 组网需求

RouterA、RouterB 和 RouterC 上均运行 RIP，要求网络的收敛时间在 30s 以内。

2. 组网图

RIP 定时器配置的组网图如图 5-5 所示。

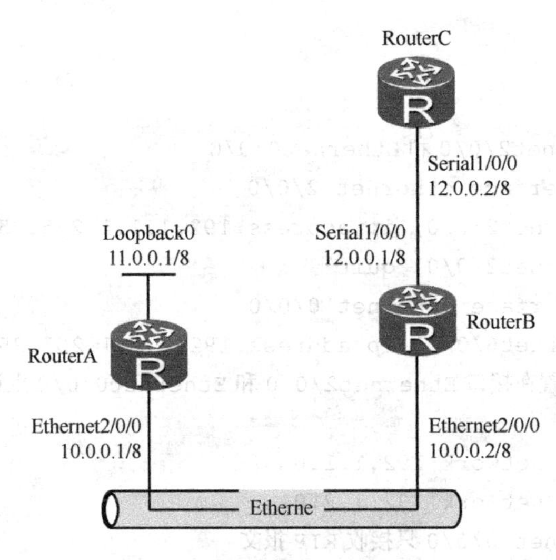

图 5-5　RIP 定时器配置的组网图

3．配置步骤

（1）配置 RouterA。

```
#启动 RIP，并使 RouterA 的接口 Ethernet2/0/0 和 LoopBack0 均运行 RIP
[RouterA] rip
[RouterA-rip] network 10.0.0.0
[RouterA-rip] network 11.0.0.0
[RouterA-rip] timers rip 10 30 40
```

（2）配置 RouterB。

```
#启动 RIP，并使 RouterB 的接口 Ethernet2/0/0 和 Serial1/0/0 均运行 RIP
[RouterB] rip
[RouterB-rip] network 10.0.0.0
[RouterB-rip] network 12.0.0.0
[RouterB-rip] timers rip 10 30 40
```

（3）配置 RouterC。

```
#启动 RIP，并使 RouterC 的接口 Serial1/0/0 运行 RIP
[RouterC] rip
[RouterC-rip] network 12.0.0.0
[RouterC-rip] timers rip 10 30 40
```

配置结束后，在 RouterB 和 RouterC 上执行 `display ip routing-table` 命令能看到 11.0.0.0/8 的路由。将 RouterA 的 Ethernet2/0/0 接口关闭，30s 内可以观察到 RTB 和 RTC 上的路由 11.0.0.0/8 变成不可达。

在调整定时器之前，RouterA 的 Ethernet2/0/0 接口关闭后，RouterB 和 RouterC 均需要 180s 的时间才能感知到路由不可达，可见，调整定时器后，RIP 网络的收敛时间缩短了。

5.5 RIP故障诊断与排除

RIP的故障之一是在物理连接正常的情况下接收不到更新报文。对故障进行排除，发生故障可能的原因包括：相应的接口上RIP没有运行（如执行了 `undo rip work` 命令）或该接口未通过 `network` 命令使能；在端路由器上配置了组播方式（如执行了 `rip version 2 multicast` 命令），但在本地路由器上没有配置组播方式。

RIP的另一种故障是运行RIP的网络发生路由震荡。对故障进行排除：在各个运行RIP的路由器上均使用 `display rip` 命令查看RIP定时器的配置，若不同路由器的Period Update定时器的超时时间和Timeout定时器的超时时间不同，则需要重新将全网的定时器的超时时间配置一致，并确保Timeout定时器的超时时间长于Period Update定时器的超时时间。

第 6 章

OSPF 配置

6.1 OSPF 基本原理

6.1.1 OSPF 概述

OSPF 是 Open Shortest Path First（开放最短路由优先协议）的缩写，它是 IETF 组织开发的一个基于链路状态的内部网关协议。目前使用的是版本 2（RFC2328），其特性如下。

（1）适应范围：支持各种规模的网络，最多可支持几百台路由器。

（2）快速收敛：在网络的拓扑结构发生变化后立即发送更新报文，使这个变化在自治系统中同步。

（3）无自环：OSPF 根据收集到的链路状态用最短路径树算法计算路由，从算法本身保证了不会生成自环路由。

（4）区域划分：允许自治系统的网络被划分成区域来管理，区域间传送的路由信息被进一步抽象，从而减少了占用的网络带宽。

（5）等值路由：支持到同一目的地址的多条等值路由。

（6）路由分级：使用 4 类不同的路由，按优先顺序可划分成：区域内路由、区域间路由、第一类外部路由和第二类外部路由。

（7）支持验证：支持基于接口的报文验证以保证路由计算的安全性。

（8）组播发送：支持组播地址。

6.1.2 OSPF 的路由计算过程

OSPF 的路由计算过程如图 6-1 所示，可简单描述成如下过程。

每个支持 OSPF 协议的路由器都维护着一份描述整个自治系统拓扑结构的链路状态数据库（Link Sate Data Base，LSDB）。每台路由器都根据自己周围的网络拓扑结构生成链路状态广播（Link State Advertisement，LSA），通过相互之间发送协议报文的形式将 LSA 发送给网络中的其他路由器。这样每台路由器都收到了其他路由器的 LSA，所有的 LSA 一起组成链路状态数据库。

由于 LSA 是对路由器周围网络拓扑结构的描述，因此 LSDB 是对整个网络的拓扑结构的描述。路由器很容易将 LSDB 转换成一张带权的有向图，这张图便是对整个网络拓扑结构的真实反映，显然，各个路由器得到的均是一张完全相同的图。

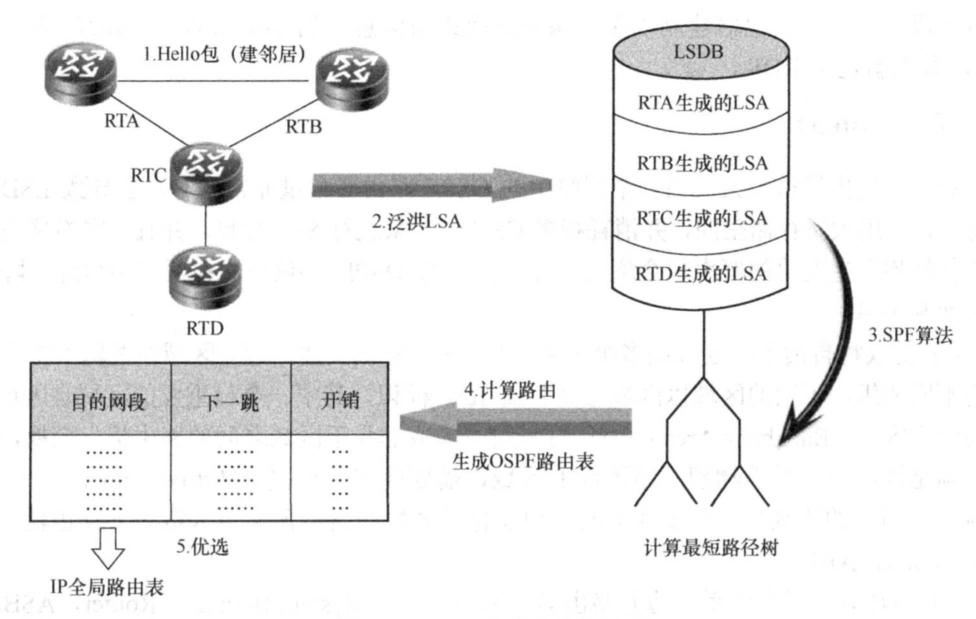

图6-1　OSPF的路由计算过程

每台路由器都使用SPF算法计算出一棵以自己为根的最短路径树，这棵树给出了到自治系统中各节点的路由，外部路由信息为叶子节点，外部路由可由广播它的路由器进行标记以记录关于自治系统的额外信息。显然，各个路由器得到的路由表是不同的。

6.1.3　OSPF相关的基本概念

1．Router ID

一台路由器如果要运行OSPF协议，那么必须存在Router ID。若没有配置ID号，则系统会从当前接口的IP地址中选出最大的IP地址作为Router ID。一般建议选择loopback接口的IP地址作为本机ID号，因为该接口永远处于UP状态（除非手动关闭）。

2．DR和BDR

（1）DR（Designated Router，指定路由器）。

在广播网络或者NBMA网络中，为使每台路由器均能将本地状态信息（如可用接口信息、可达邻居信息等）广播到整个自治系统中，在路由器之间要建立多个邻居关系，但这使得任意一台路由器的路由变化都会导致多次传递，这样浪费了宝贵的带宽资源。为解决这个问题，OSPF协议定义了DR，所有路由器都只将信息发送给DR，由DR将网络链路状态广播出去，除DR/BDR外的路由器（称为DR Other）之间将不再建立邻居关系，也不再交换任何路由信息。

（2）BDR（Backup Designated Router，备份指定路由器）。

若DR由于某种故障而失效，则这时必须重新选举DR，并与发生故障的DR同步，这需要较长的时间。在这段时间内，路由计算是不正确的。为了能够缩短这个过程，OSPF提出了BDR的概念。BDR实际上是对DR的一个备份，在选举DR的同时也选举出BDR，BDR

也与本网段内的所有路由器建立邻接关系并交换路由信息。当 DR 失效后，BDR 会立即成为 DR，并重新选举 BDR。

3. 区域（Area）

随着网络规模日益扩大，当一个网络中的 OSPF 路由器数量非常多时，会导致 LSDB 变得很庞大，占用大量存储空间，并消耗很多 CPU 资源来进行 SPF 计算。并且，网络规模扩大后，拓扑结构发生变化的概率也会增大，导致大量的 OSPF 协议报文在网络中传递，降低网络的带宽利用率。

OSPF 协议将自治系统划分成多个区域（Area）来解决上述问题。区域在逻辑上将路由器划分为不同的组。不同的区域以区域号（Area ID）标识，其中一个最重要的区域是区域 0，也称为骨干区域（Backbone Area）。骨干区域可以完成非骨干区域之间的路由信息交换，骨干区域必须是连续的，对于物理上不连续的区域，需要配置虚连接（Virtual Links）来保持骨干区域在逻辑上的连续性。连接骨干区域和非骨干区域的路由器称为区域边界路由器（Area Border Router，ABR）。

OSPF 中还有一类自治系统边界路由器（Autonomous System Boundary Router，ASBR），实际上，这里的自治系统（Autonomous System，AS）并不是严格意义的自治系统，连接 OSPF 路由域（Routing Domain）与其他路由协议域的路由器都是 ASBR，可以认为 ASBR 是引入 OSPF 外部路由信息的路由器。

4. 路由聚合

AS 被划分成不同的区域，每个区域都通过 OSPF 边界路由器相连，区域间可以通过路由汇聚来减少路由信息，减小路由表的规模，以及提高路由器的运算速度。

ABR 在计算出一个区域的区域内路由后，查询路由表，将其中每条 OSPF 路由均封装成一条 LSA 并发送到区域外。

6.1.4 OSPF 网络类型

1. OSPF 网络类型

（1）Broadcast：当链路层协议是 Ethernet 或 FDDI 时，OSPF 默认网络类型是 Broadcast，在该类型的网络中，通常以组播形式（224.0.0.5 和 224.0.0.6）发送协议报文。

（2）P2P（Point-to-Point，点到点）：当链路层协议是 PPP 或 HDLC 时，OSPF 默认网络类型是 P2P。在该类型的网络中，以组播形式（224.0.0.5）发送协议报文。

（3）NBMA（Non-Broadcast Multi-Access，非广播多路访问网络）：当链路层协议是帧中继、ATM 或 X.25 时，OSPF 默认网络类型是 NBMA。在该类型的网络中，以单播形式发送协议报文。

（4）P2MP（Point-to-MultiPoint，点到多点）：点到多点网络类型不是 OSPF 的默认网络类型，它是由其他网络类型强制更改而来的，常见的做法是将 NBMA 更改为 P2MP。在该类型的网络中，以组播形式（224.0.0.5）发送协议报文。

2. NBMA与P2MP的区别

（1）OSPF要求NBMA网络必须是全连通的（即网络中任意两台路由器之间都必须有一条虚电路直接可达）非广播、多点可达网络。而并不要求P2MP网络一定是全连通的。

（2）NBMA是一种默认的网络类型，若链路层协议是帧中继、ATM或X.25，则接口默认的网络类型是NBMA。而P2MP网络必须是由其他网络强制更改而来的。

（3）NBMA网络采用单播发送报文，需要手动配置邻居，否则无法正常建立邻居关系。P2MP网络采用组播方式发送报文，不需要手动配置邻居，可以依靠协议自身的机制建立邻居关系。

3. DR与BDR的选举

广播网络或NBMA类型的网络需要选举DR和BDR。

DR由本网段中所有路由器共同选举。优先级大于0的路由器都可作为“候选者”，选票就是Hello报文，OSPF路由器将自己选出的DR写入Hello报文中，发给网段上的其他路由器。当同一网段的两台路由器都宣布自己是DR时，优先级高的路由器胜出。若两者的优先级相等，则Router ID大的胜出。

BDR是对DR的备份，与DR同时被选举出来。BDR与本网段内的所有路由器都建立邻接关系并交换路由信息。DR失效后，BDR立即成为DR，由于不需要重新选举，并且邻接关系已经建立，因此这个过程可以很快完成。

当接口优先级为0时，无论什么情况下都不能成为DR/BDR，这可能会导致网络上没有DR或BDR。若DR、BDR已经选择完毕，则即使有一台优先级更高的路由器加入，它也不会成为该网段中的DR。DR是网段中的概念，是针对路由器接口而言的，某台路由器在一个接口上可能是DR，而在另一个接口上可能是BDR，或者是其他DR。只有在广播或是NBMA类型的接口时才会选举DR，在点到点或点到多点类型的接口上不需要选举DR。

6.1.5 OSPF的协议报文

OSPF的协议报文主要有5种：Hello报文、DD（Database Description，数据库描述）报文、LSR（Link State Request，链路状态请求）报文、LSU（Link State Update，链路状态更新）报文和LSAck（Link State Acknowledgment，链路状态应答）报文。由于它们各自在OSPF路由更新中发挥的作用不同，因此报文格式也存在比较大的差别。

1. OSPF报文

OSPF报文直接封装为IP协议报文，这是因为OSPF是专为TCP/IP网络而设计的路由协议。以上说到的5种OSPF报文使用相同的OSPF报文格式，如图6-2所示，各组成部分如下。

Version：版本字段，1个字节，用于标识OSPF协议版本号，目前最高版本为OSPF v4，即值为4（对应二进制数为00000100）。

Packet Type：报文类型字段，标识报文的类型。

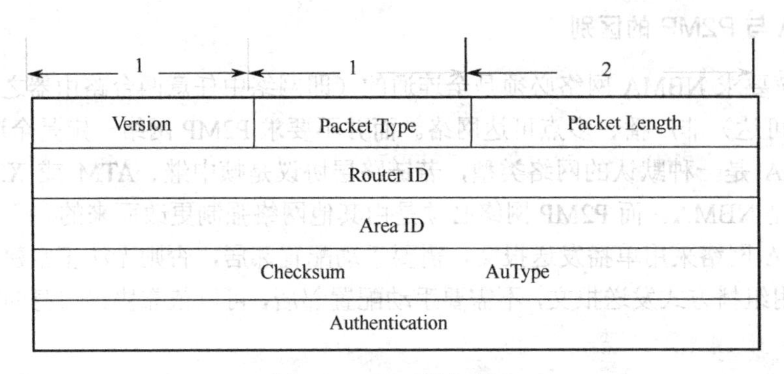

图 6-2 OSPF 报文格式

Packet Length：报文长度字段，2 个字节，整个报文（包括 OSPF 报头部分和后面各报文内容部分）的字节长度。

Router ID：路由器 ID 字段，4 个字节，其值为发送报文的路由器 ID。

Area ID：区域 ID 字段，4 个字节，发送报文的路由器所对应的 OSPF 区域号。

Checksum：校验和字段，2 个字节，是对整个报文（包括 OSPF 报头和各报文具体内容，但不包括 Authentication 字段）的校验和，用于对端路由器校验报文的完整性和正确性。

AuType：认证类型字段，2 个字节，指定所采用的认证类型，0 为不认证，1 为进行简单明文认证，2 为采用 MD5 密文方式认证。

Authentication：认证字段，8 个字节，具体值根据不同认证类型而定。认证类型为不认证时，此字段没有数据；认证类型为简单明文认证时，此字段为认证密码；认证类型为 MD5 密文认证时，此字段为 MD5 摘要消息。

2．Hello 报文（Hello Packet）

OSPF 协议使用 Hello 报文来建立和维护相邻邻居路由器之间的链接关系。这个报文很简单，容量很小，仅向邻居路由器证明自己的存在，就像人与人之间互相打招呼一样。RIP 邻居路由器之间的邻接关系的建立都是通过定期的路由更新报文进行的，并且通过定期的路由更新向邻居 RIP 路由器证明自己的存在。而 OSPF 协议的这种 Hello 报文更简单，可大大减小网络中的报文传输流量。

Hello 报文被周期性（默认为 10s）地向邻居路由器接口发送，若在设定时间（默认为 40s，通常至少是 Hello 报文发送时间间隔的 4 倍）内没有接收到对方 OSPF 路由器发送来的 Hello 报文，则本地路由器会认为对方路由器无效。报文内容包括一些定时器、DR、BDR 及本路由器已知的邻居路由器。Hello 报文格式如图 6-3 所示，其中上部分为 OSPF 报头部分，下部分为 Hello 报文内容部分。Hello 报文内容部分的各字段说明如表 6-1 所示。

3．DD 报文（Database Description Packet）

DD 报文是用来描述本地路由器的链路状态数据库（LSDB）的，在两个 OSPF 路由器初始化连接时要交换 DD 报文，进行数据库同步。

DD 报文内容部分包括：DD 报文序列号和 LSDB 中每条 LSA 的报头部分等，如图 6-4 所示，对于各字段的说明如表 6-2 所示。对端路由器根据所收到的 DD 报文中的 OSPF 报头就可以判断出是否已有这条 LSA。因为数据库的内容可能相当多，所以可能需要多个数据库描述整个数据库。故有三个专门用于标识数据库描述报文序列的比特位，即 DD 报文格式中的 I、M 和 M/S 这三位。接收方对报文进行重新排序使其能够真实地复制数据库，进而描述报文。

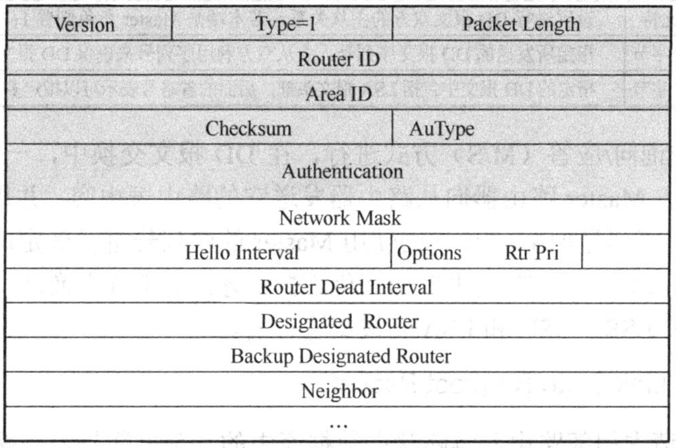

Version	Type=1	Packet Length	
Router ID			
Area ID			
Checksum		AuType	
Authentication			
Network Mask			
Hello Interval		Options	Rtr Pri
Router Dead Interval			
Designated Router			
Backup Designated Router			
Neighbor			
…			

图 6-3　Hello 报文格式

表 6-1　Hello 报文内容部分的各字段说明

字段名	长度	功能
Network Mask	4 个字节	发送 Hello 报文接口所在的子网掩码
Hello Interval	2 个字节	指定发送 Hello 报文的时间间隔，默认为 10s
Options	1 个字节	可选项，包括 E：允许泛洪 AS-external-LAS；MC：允许转发 IP 组播报文；N/P：允许处理 Type7 LSA；DC：允许处理按需链路
Rtr Pri	1 个字节	指定 DR 优先级，默认为 1。若将其优先级设为 0，则表示本路由器不参与 DR/BDR 选举
Router Dead Interval	4 个字节	指定路由器失效时间，默认为 40s。若在此时间段内没有收到邻居路由器发来的 Hello 报文，则认为该邻居路由器已失效
Designated Router	4 个字节	指定 DR 的接口 IP 地址
Backup Designated Router	4 个字节	指定 BDR 的接口 IP 地址
Neighbor	4 个字节	指定邻居路由器的 RID。下面的省略号（…）表示可以指定多个邻居路由器 RID

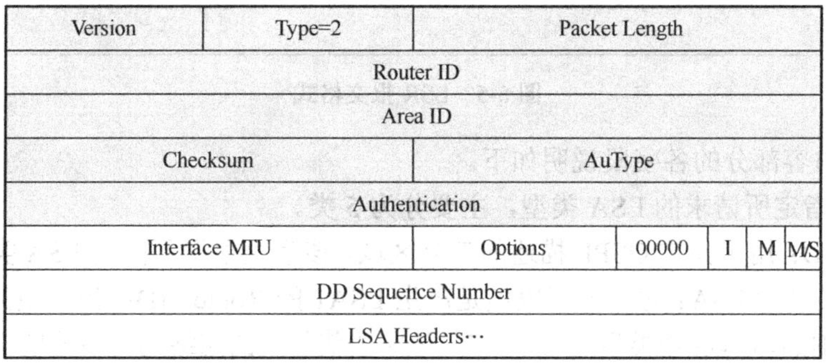

Version	Type=2	Packet Length				
Router ID						
Area ID						
Checksum		AuType				
Authentication						
Interface MTU		Options	00000	I	M	M/S
DD Sequence Number						
LSA Headers…						

图 6-4　DD 报文格式

表 6-2　DD 报文内容部分的各字段说明

字段名	长度	功能
Interface MTU	2 个字节	指出发送 DD 报文的接口在不分段的情况下，可以发出最大 IP 报文长度
Options	1 个字节	可选项，包括 E：允许泛洪 AS-external-LAS；MC：允许转发 IP 组播报文；N/P：允许处理 Type 7 LSA；DC：允许处理按需链路

（续表）

字段名	长度	功能
I	1 比特	指在连续发送多个 DD 报文时，若是第一个 DD 报文则置 1；其他均置 0
M	1 比特	指在连续发送多个 DD 报文时，若是最后一个 DD 报文则置 0；否则均置 1
M/S	1 比特	设置进行 DD 报文双方的主从关系，若本端是 Master 角色则置 1；否则置 0
DD Sequence Number	4 个字节	指定所发送的 DD 报文序列号，主从双方利用序列号来确保 DD 报文传输的可靠性和完整性
LSA Headers	4 个字节	指定的 DD 报文中包括 LSA 报文头部，后面的省略号表示可以指定多个 LSA 报文头部

DD 交换过程按询问/应答（M/S）方式进行，在 DD 报文交换中，一台为 Master 角色，另一台为 Slave 角色。Master 路由器向从路由器发送它的路由表内容，并规定起始序列号，每发送一个 DD 报文，序列号加 1，Slave 则使用 Master 的序列号进行确定应答。

因为 DD 报文仅在两台 OSPF 路由器初始化连接时才进行 DD 交换，所以它没有发送周期。数据库存同步是通过 LSR、LSU 和 LSAck 报文进行的。

4．LSR 报文（Link State Request Packet）

LSR 报文用于请求相邻路由器链路状态数据库中的一部分数据。当两台路由器互相交换完 DD 报文后，明确对端路由器存在哪些 LSA 是 LSDB 没有的，以及哪些 LSA 是已经失效的，这时需要发送一个 LSR 报文，向对方请求所需的 LSA。

LSR 报文内容包括所需的 LSA 摘要，具体报文格式如图 6-5 所示。

Version	Type=2	Packet Length
Router ID		
Area ID		
Checksum		AuType
Authentication		
LS Type		
Link State ID		
Advertising Router		
……		

图 6-5 LSR 报文格式

LSR 报文内容部分的各字段说明如下。

LS Type：指定所请求的 LSA 类型，主要分为 5 类。

Link State ID：用于指定 OSPF 描述的部分区域，该字段根据不同的 LSA 类型而有不同的使用方法。当类型为 LSA1 时，该字段值是产生 LSA1 的 Router ID；当类型为 LSA2 时，该字段值是 DR 的接口地址；当类型为 LSA3 时，该字段值是目的网络的网络地址；当类型为 LSA4 时，该字段值是 ASBR 的 Router ID；当类型为 LSA5 时，该字段值是目的网络的网络地址。

Advertising Router：指定产生此 LSA 的路由器 Router ID。

5. LSU 报文（Link State Update Packet）

LSU 报文是应 LSR 报文的请求，用来向对端路由器发送所需的 LSA，内容是多条 LSA 完整内容的集合，LSU 报文内容部分包括此次共发送的 LSA 数量和每条 LSA 的完整内容，

LSU报文格式如图6-6所示。

Version	Type=2	Packets Length
Router ID		
Area ID		
Checksum		AuType
Authentication		
LS type		
Number of LSAs		
LSAs…		

图6-6 LSU报文格式

LSU报文在支持组播和多路访问的链路上是以组播方式将LSA泛洪出去的，并且对没有收到对方确认应答（就是下面将要介绍的LSAck报文）的LSA进行重传，但直接将重传时的LSA发送到没有收到确认应答的邻居路由器上，而不再泛洪。

Number of LSAs：4个字节，指定此报文中发送LSA的总数量。

LSAs：4个字节，表示各条具体的LSA完整信息，后面的省略号表示可以是多条LSA。

6. LSAck报文（Link State Acknowledgment Packet）

LSAck报文是路由器在接收到对端路由器发来的LSU报文后所发出的确认应答报文，内容是需要确认的LSA报文头部（LSA Headers），LSAck报文格式如图6-7所示。LSAck报文根据不同链路以单播或组播形式发送。

Version	Type=2	Packet Length
Router ID		
Area ID		
Checksum		AuType
Authentication		
LSA Headers…		

图6-7 LSAck报文格式

6.1.6 OSPF的LSA类型

1. 5类基本LSA

根据前面的介绍可以了解LSA（链路状态广播）报文是OSPF协议计算和维护路由信息的主要来源。在RFC2328中定义了5类LSA，具体描述如下。

（1）Router-LSAs：第1类LSA（Type-1），由每个路由器生成，描述本路由器的链路状态和开销，只在路由器所处区域内传播。

（2）Network-LSAs：第2类LSA（Type-2），由广播网络和NBMA网络的DR生成，描

述本网段的链路状态，只在 DR 所处区域内传播。

（3）Summary-LSAs：包含第 3 类 LSA 和第 4 类 LSA（Type-3，Type-4），由 ABR 生成，在与该 LSA 相关的区域内传播。每条 Summary-LSA 均描述一条到达本自治系统的、其他区域的某个目的地的路由。Type-3 Summary-LSAs 描述去往网络的路由（目的地为网段），Type-4 Summary-LSAs 描述去往 ASBR 的路由。

（4）AS-external-LSAs：第 5 类 LSA（Type-5），由 ASBR 生成，描述到达其他 AS 的路由，传播到整个 AS（Stub 区域除外）。AS 的默认路由也可以用 AS-external-LSAs 来描述。

2．第 7 类 LSA

在 RFC1587 中增加了一类新的 LSA：NSSA LSAs，也称为 Type-7 LSAs。

根据 RFC1587 的描述，Type-7 LSAs 与 Type-5 LSAs 主要有以下两点区别。

（1）Type-7 LSAs 在 NSSA 区域内产生和发布，但 NSSA 区域内不会产生或发布 Type-5 LSAs。

（2）Type-7 LSAs 只能在一个 NSSA 内发布，当到达区域边界路由器 ABR 时，由 ABR 将 Type-7 LSAs 转换成 Type-5 LSAs 再发布，并且不直接发布到其他区域或骨干区域中。

3．Opaque LSAs

为了使 OSPF 能够支持更多新的业务应用，在 RFC2370 中定义了用于对 OSPF 进行扩展的 Opaque LSAs。

Opaque LSAs 包含以下 3 种类型的 LSA，不同类型的 LSA 扩散范围不同。

（1）Type-9：扩散范围为 link-local，可以认为只在某个接口所在的网段内扩散，不会发布到本地网段或本地子网外。

（2）Type-10：扩散范围为 area-local，即只在本区域内扩散。

（3）Type-11：与 Type-5 LSAs 具有相同的扩散范围，可以在除 STUB 区域和 NSSA 区域外的整个自治系统内扩散。

另外，Opaque LSAs 包括一个标准的 20 个字节 LSA 报头和一个应用信息相关的域。

6.2 OSPF 的配置与优化

在各项配置中，必须先启动 OSPF 并且指定接口与区域号后，才能配置其他的功能特性。而配置与接口相关的功能特性不受 OSPF 是否使能的限制。需要注意的是，在关闭 OSPF 后，原来与 OSPF 相关的接口参数也同时失效。

6.2.1 OSPF 基本配置

1. 配置 Router ID

Router ID 是一个 32bit 无符号整数，采用 IP 地址形式，它是一台路由器在自治系统中的唯一标识。Router ID 可以手动配置，若没有配置 Router ID，则系统会从当前接口的 IP 地址中自动选一个整数作为 Router ID。手动配置 Router ID 时，必须保证自治系统中任意两台 Router ID 都不相同。通常的做法是将 Router ID 配置为与该路由器某个 loopback 接口的 IP

地址一致。

为保证OSPF运行的稳定性，在进行网络规划时，应确定Router ID的划分并手动配置。若启动OSPF后需要修改Router ID，则在重新启动OSPF进程后，Router ID才能在OSPF中生效。

配置Router ID。

```
[Router] router id router-id
```

取消Router ID。

```
[Router] undo router id
```

2. 启动OSPF

OSPF支持多进程，一台路由器上启动的多个OSPF进程之间由不同的进程号区分。OSPF进程号在启动OSPF时进行设置，它只在本地有效，不影响与其他路由器之间的报文交换。

启动OSPF，进入OSPF视图。

```
[Router] ospf process-id
```

关闭OSPF路由协议进程。

```
[Router] undo ospf process-id
```

若在启动OSPF时不指定进程号，则系统将使用默认的进程号1；若关闭OSPF时不指定进程号，则默认关闭进程1。当在一台路由器上运行多个OSPF进程时，建议为不同进程指定不同的Router ID。

指定OSPF进程的Router ID。

```
[Router] ospf process-id router-id router-id
```

3. 进入OSPF区域视图

OSPF 协议将自治系统划分成不同的区域（Area），在逻辑上将路由器分为不同的组。在区域视图下可以进行区域相关配置。

进入OSPF区域视图。

```
[Router] area area-id
```

区域ID可以采用十进制整数或IP地址形式输入，但显示时使用IP地址形式。

4. 在指定网段的接口上使能OSPF

在系统视图下使用ospf命令启动OSPF后，还必须指定在哪个网段上应用OSPF。一台路由器可能同时属于不同的区域（这样的路由器称为ABR），但一个网段只能属于一个区域。

在指定网段的接口上使能OSPF。

```
[Router-ospf-1-area-0.0.0.0] network network-address wildcard-mask
```

5. 重启OSPF

重启路由器的OSPF进程，可以立即清除无效的LSA，使改变后的Router ID立即生效，并且对DR、BDR进行重新选举。

重启OSPF进程。

```
<Router> reset ospf [process-id] process
```

若不指定 OSPF 进程号，则可以在不丢失原有 OSPF 配置的前提下重启所有 OSPF 进程。

6.2.2 OSPF 基本配置示例

在本例中，RouterA 与 RouterB 通过串口相连，RouterB 与 RouterC 通过以太网口相连，OSPF 基本配置示例如图 6-8 所示，RouterA 属于 Area0，RouterC 属于 Area1，RouterB 同时属于 Area0 和 Area1。

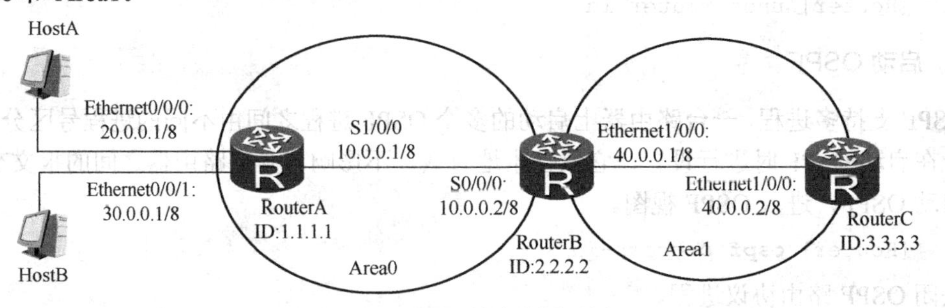

图 6-8　OSPF 基本配置示例

（1）配置 RouterA。

```
[RouterA] router id 1.1.1.1
[RouterA] interface serial1/0/0
[RouterA-serial1/0/0] ip address 10.0.0.1 255.0.0.0
[RouterA-serial1/0/0] interface ethernet0/0/0
[RouterA-ethernet 0/0/0] ip address 20.0.0.1 255.0.0.0
[RouterA- ethernet 0/0/0] interface ethernet0/0/1
[RouterA- ethernet 0/0/1] ip address 30.0.0.1 255.0.0.0
[RouterA- ethernet 0/0/1] quit
[RouterA] ospf
[RouterA-ospf-1] area 0
[RouterA-ospf-1-area-0.0.0.0] network 10.0.0.1 0.255.255.255
[RouterA-ospf-1-area-0.0.0.0] network 20.0.0.1 0.255.255.255
[RouterA-ospf-1-area-0.0.0.0] network 30.0.0.1 0.255.255.255
```

（2）配置 RouterB。

```
[RouterB] router id 2.2.2.2
[RouterB] internet serial0/0/0
[RouterB-serial0/0/0] ip address 10.0.0.2 255.0.0.0
[RouterB-serial0/0/0] interface ethernet 1/0/0
[RouterB-ethernet 1/0/0] ip address 40.0.0.1 255.0.0.0
[RouterB-ethernet 1/0/0] quit
[RouterB] ospf
[RouterB-ospf-1] area 0
[RouterB-ospf-1-area-0.0.0.0] network 10.0.0.2 0.255.255.255
[RouterB-ospf-1-area-0.0.0.0] area 1
[RouterB-ospf-1-area-0.0.0.1] network 40.0.0.1 0.255.255.255
```

（3）配置RouterC。

```
[RouterC] router id 3.3.3.3
[RouterC] interface ethernet 1/0/0
[RouterC-ethernet 1/0/0] ip address 40.0.0.2 255.0.0.0
[RouterC-ethernet 1/0/0] quit
[RouterC] ospf
[RouterC-ospf-1] area 1
[RouterC-ospf-1-area-0.0.0.1] network 40.0.0.2 0.255.255.255
```

6.2.3　OSPF优化配置

1．配置OSPF网络类型

默认情况下，OSPF根据链路层类型得出网络类型。若用户为接口配置了新的网络类型，则原接口的网络类型自动取消。

配置接口的网络类型。

```
[Router-Serial1/0] ospf network-type {broadcast | nbma | p2mp | p2p}
```

若在NBMA网络中并非所有路由器间都直接可达，则可将接口配置成P2MP方式。若该路由器在NBMA网络中只有一个对端，则也可将接口类型改为P2P方式。

2．配置OSPF接口的开销

用户可以为不同的接口配置不同的OSPF开销值，但这样会影响路由的计算。

设置接口发送报文的开销值。

```
[Router-Serial1/0] ospf cost cost-value
```

默认情况下，OSPF根据接口的运行速率自动计算发送报文的开销。

3．配置OSPF定时器

（1）配置发送Hello报文的时间间隔。Hello报文是一种最常用的报文，它周期性地被发送到邻居路由器上，用于发现与维持邻居关系。

配置接口发送Hello报文的时间间隔。

```
[Router-Serial0/0/0] ospf timer hello seconds
```

在NBMA接口上配置发送轮询报文的时间间隔。

```
[Router-Serial0/0/0] ospf timer poll seconds
```

默认情况下，P2P、Broadcast类型接口发送Hello报文的时间间隔为10s；P2MP、NBMA类型接口发送Hello报文的时间间隔为30s。

默认情况下，NBMA接口发送轮询Hello报文的时间间隔为120s。轮询时间间隔（Poll Seconds）至少应为发送Hello 报文的时间间隔的3倍。

（2）配置相邻路由器间的失效时间。在一定时间间隔内，若路由器未接收到对方的Hello报文，则认为对端路由器失效，这个时间间隔称为相邻路由器间的失效时间。

配置相邻路由器间的失效时间。

```
[Router- Serial0/0/0] ospf timer dead seconds
```

默认情况下，P2P、Broadcast 类型接口相邻路由器间失效时间为 40s；P2MP、NBMA 类型接口相邻路由器间失效时间为 120s。在用户修改网络类型后，发送 Hello 报文的时间间隔与相邻路由器间的失效时间都将恢复成默认值。

（3）配置相邻路由器重传 LSA 的时间间隔。当一台路由器向自身邻居发送一条 LSA 后，需要等到对方的确认报文。若在重传时间内没有接收到对方的确认报文，则会向邻居重传这条 LSA。这个时间间隔称为相邻路由器重传 LSA 的时间间隔。

配置相邻路由器重传 LSA 的时间间隔。

```
[Router-Serial1/0] ospf timer retransmit interval
```

默认情况下，相邻路由器重传 LSA 的时间间隔为 5s，interval 的值必须大于一个报文在两台路由器之间传送一个来回的时间，该值不要设置得太小，否则将会引起不必要的重传。

4. 配置 OSPF 的 SPF 时间间隔

当 OSPF 的 LSDB（链路状态数据库）发生改变时，需要重新计算最短路径，若每次改变都立即计算最短路径，则将占用大量资源，并会影响路由器的效率。默认情况下，SPF 时间间隔为 5s。

设置 SPF 时间间隔。

```
[Router-ospf-1] spf-schedule-interval seconds
```

5. 配置选举 DR 时的优先级

路由器接口的优先级将影响接口在选举 DR 时具有的资格，默认值为 1，取值范围为 0～255，值越大其优先级越高。优先级为 0 的路由器不会被选举为 DR 或 BDR。

设置接口在选举 DR 时的优先级。

```
[Router-Serial1/0] ospf dr-priority priority_num
```

6.2.4 OSPF 优化配置示例

配置 OSPF 优先级网如图 6-9 所示，配置 RouterA 的优先级为 100，RouterC 的优先级为 2，RouterB 的优先级为 0，RouterD 没有配置优先级，默认值为 1。

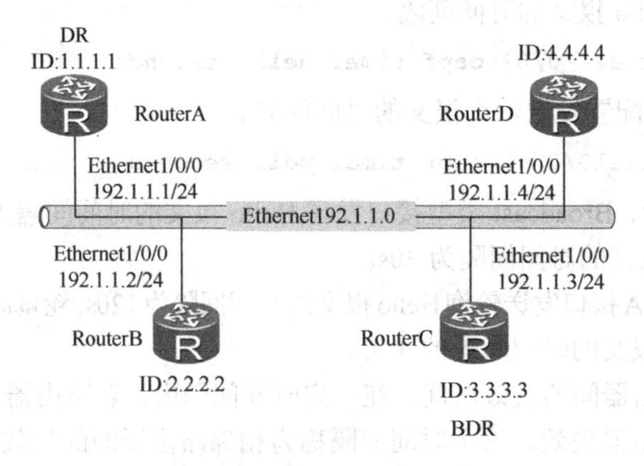

图 6-9 配置 OSPF 优先级网

（1）配置RouterA。

```
[Router A] interface ethernet 1/0/0
[Router A-Ethernet1/0/0] ip address 192.1.1.1 255.255.255.0
[Router A-Ethernet1/0/0] ospf dr-priority 100
[Router A-Ethernet1/0/0] quit
[Router A] router id 1.1.1.1
[Router A] ospf
[Router A-ospf-1] area 0
[Router A-ospf-1-area-0.0.0.0] network 192.1.1.0 0.0.0.255
```

（2）配置RouterB。

```
[Router B] interface ethernet 1/0/0
[Router B-Ethernet1/0/0] ip address 192.1.1.2 255.255.255.0
[Router B-Ethernet1/0/0] ospf dr-priority 0
[Router B-Ethernet1/0/0] quit
[Router B] router id 2.2.2.2
[Router B] ospf
[Router B-ospf-1] area 0
[Router B-ospf-1-area-0.0.0.0] network 192.1.1.0 0.0.0.255
```

（3）配置RouterC。

```
[Router C] interface ethernet 1/0/0
[Router C-Ethernet1/0/0] ip address 192.1.1.3 255.255.255.0
[Router C-Ethernet1/0/0] ospf dr-priority 2
[Router C-Ethernet1/0/0] quit
[Router C] router id 3.3.3.3
[Router C] ospf
[Router B-ospf-1] area 0
[Router B-ospf-1-area-0.0.0.0] network 192.1.1.0 0.0.0.255
```

（4）配置RouterD。

```
[Router D] interface ethernet 1/0/0
[Router D-Ethernet1/0/0] ip address 192.1.1.4 255.255.255.0
[Router D-Ethernet1/0/0] quit
[Router D] router id 4.4.4.4
[Router D] ospf
[Router B-ospf-1] area 0
[Router B-ospf-1-area-0.0.0.0] network 192.1.1.0 0.0.0.255
```

将RouterB的优先级改为200。

```
[Router B-Ethernet1/0/0] ospf dr-priority 200
```

在RouterA上运行 display ospf peer 命令来显示OSPF邻居。注意，虽然RouterB的优先级更改为200，但它并不是DR。

关闭RouterA，在RouterD上运行 display ospf peer 命令可显示邻居。注意，本来是BDR的RouterC成为了DR，并且RouterB现在是BDR。

6.3 OSPF 高级特性

6.3.1 OSPF 虚连接

OSPF 协议规定：所有非骨干区域必须与骨干区域保持连通，即 ABR 上至少有一个端口应在骨干区域 0.0.0.0 中。若一个区域与骨干区域 0.0.0.0 没有直接的物理连接，则必须建立虚连接来保持逻辑上的连通。

虚连接是在两台 ABR 之间通过一个非骨干区域建立的一条逻辑连接通道。它的两端必须都是 ABR，并且必须在两端同时配置。虚连接用对端的 Router ID 来标识。为虚连接两端提供非骨干区域内部路由的区域称为运输区域（Transit Area）。

虚连接相当于在两个 ABR 之间形成了一个点到点的逻辑连接，这个连接与物理接口类似，可以配置接口的各个参数，如 Hello 报文的发送间隔等。虚连接建立后，两台 ABR 间通过单播方式直接传递 OSPF 协议报文，虚连接传输的协议报文对于传输区域内的路由器来说是透明的，即只将虚连接传输的协议报文当成普通的 IP 报文来转发。

在 OSPF 区域视图下创建并配置虚连接。

```
[Router-ospf-1-area-0.0.0.1] vlink-peer router-id [hello seconds] [retransmit seconds] [trans-delay seconds] [dead seconds]
```

其中，`router-id` 是虚连接对端 ABR 的 Router ID。

默认情况下，`hello` 的值为 10s；`retransmit` 的值为 5s；`trans-delay` 的值为 1s；`dead` 的值为 40s。

6.3.2 OSPF 虚链路配置示例

配置 OSPF 虚链路的组网图如图 6-10 所示，Area2 没有与 Area0 直接相连，Area1 被用作运输区域来连接 Area2 和 Area0，在 RouterB 和 RouterC 之间配置一条虚链路。

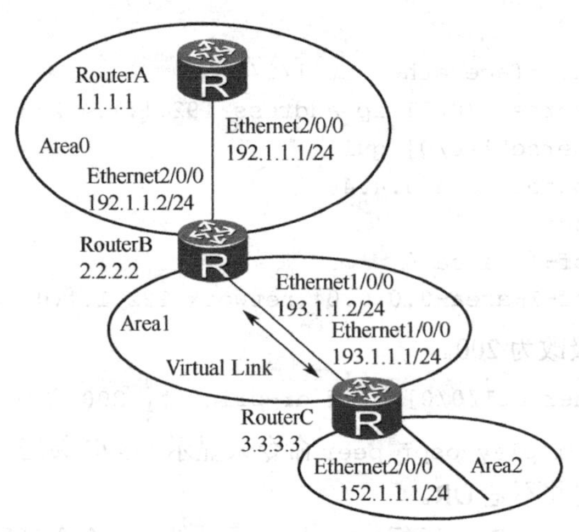

图 6-10　配置 OSPF 虚链路的组网图

（1）配置RouterA。

```
[RouterA] interface ethernet 2/0/0
[RouterA-Ethernet2/0/0] ip address 192.1.1.1 255.255.255.0
[RouterA-Ethernet2/0/0] quit
[RouterA] router id 1.1.1.1
[Router A] ospf
[RouterA-ospf-1] area 0
[RouterA-ospf-1-area-0.0.0.0] network 192.1.1.0 0.0.0.255
```

（2）配置RouterB。

```
[RouterB] interface ethernet 2/0/0
[RouterB-Ethernet2/0/0] ip address 192.1.1.2 255.255.255.0
[RouterB-Ethernet2/0/0] interface ethernet 1/0/0
[RouterB-Ethernet1/0/0] ip address 193.1.1.2 255.255.255.0
[RouterB-Ethernet1/0/0] quit
[RouterB] router id 2.2.2.2
[RouterB] ospf
[RouterB-ospf-1] area 0
[RouterB-ospf-1-area-0.0.0.0] network 192.1.1.0 0.0.0.255
[RouterB-ospf-1-area-0.0.0.0] quit
[RouterB-ospf-1] area 1
[RouterB-ospf-1-area-0.0.0.1] network 193.1.1.0 0.0.0.255
[RouterB-ospf-1-area-0.0.0.1] vlink-peer 3.3.3.3
```

（3）配置RouterC。

```
[RouterC] interface ethernet 2/0/0
[RouterC-Ethernet2/0/0] ip address 152.1.1.1 255.255.255.0
[RouterC-Ethernet2/0/0] interface ethernet 1/0/0
[RouterC-Ethernet1/0/0] ip address 193.1.1.1 255.255.255.0
[RouterC-Ethernet1/0/0] quit
[RouterC] router id 3.3.3.3
[RouterC] ospf
[RouterC-ospf-1] area 1
[RouterC-ospf-1-area-0.0.0.1] network 193.1.1.0 0.0.0.255
[RouterC-ospf-1-area-0.0.0.1] vlink-peer 2.2.2.2
[RouterC-ospf-1-area-0.0.0.1] quit
[RouterC-ospf-1] area 2
[RouterC-ospf-1-area-0.0.0.2] network 152.1.1.0 0.0.0.255
```

6.3.3 OSPF特殊区域

1. Stub区域

Stub区域是一类特殊的OSPF区域，这类区域不接收或扩散Type-5 LSA，对于产生大量Type-5 LSA的网络，这种处理方式能够有效减小Stub区域内路由器的LSDB尺寸，并缓解SPF计算对路由器资源的占用。通常情况下，Stub区域位于自治系统边界。

为保证Stub区域去往自治系统外的报文能被正确转发，Stub区域的ABR将通过

Summary-LSA 向本区域内发布一条默认路由，并且只在本区域扩散。

配置 Stub 区域需要注意以下几点。

（1）不能将骨干区域配置成 Stub 区域。

（2）Stub 区域不能用作传输区域，即虚连接不能穿过 Stub 区域。

（3）若将一个区域配置成 Stub 区域，则该区域中的所有路由器都必须配置该属性。

（4）Stub 区域内不能存在 ASBR。

将一个区域配置成 Stub 区域。

```
[RouterA-ospf-1-area-0.0.0.1] stub [no-summary]
```

no-summary 只能在 ABR 上配置，若使用了这个参数，则此 ABR 只向区域内发布一条默认路由的 Summary-LSA，不生成任何其他 Summary-LSAs。这种既没有 AS-external-LSAs，又没有 Summary-LSAs 的 Stub 区域称为完全 Stub 区域。

2. NSSA 区域

在 Stub 区域中没有任何 AS 外部路由信息，通过默认路由保证到外部目的地的可达性。为了在兼顾 Stub 区域优点的同时提高组网的灵活性，RFC1587 定义了一种新的区域类型：NSSA 区域（Not-So-Stubby Area），这种区域能够以受限方式引入 AS 外部路由。

NSSA 实际是 Stub 区域的扩展，它与 Stub 区域有许多相似之处。配置 NSSA 区域时，需要注意以下几点。

（1）骨干区域不能配置成 NSSA 区域。

（2）NSSA 区域不能用作传输区域。

（3）若要将一个区域配置成 NSSA 区域，则该区域中的所有路由器都必须配置此属性。

注意：与 Stub 区域的一个不同点是：NSSA 区域内可以存在 ASBR。

NSSA 区域中的 AS 外部路由信息使用一类新的 LSA：Type-7 LSA。在图 6-11 中，运行 OSPF 进程 100 的自治系统包括 3 个区域：Area0、Area1 和 Area2，其中 Area2 是 NSSA 区域。Area2 的 NSSA 区域的 ASBR 引入 AS 外部路由信息（OSPF 进程 200 的路由信息）后，生成 Type-7 LSA 发布到 Area2 内传播，当 Type-7 LSA 到达 NSSA 区域的 ABR 后，由 ABR 转换成 Type-5 LSA 传播到整个自治系统。Area1 的 ASBR 引入 AS 外部路由信息（RIP 路由信息）后，产生 Type-5 LSA 在 OSPF 自治系统中传播，但由于 Area2 是 NSSA 区域，因此 RIP 路由信息不会到达 Area2。

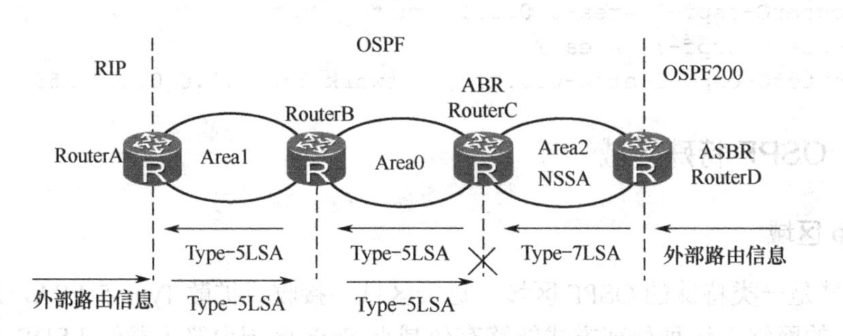

图 6-11 NSSA 区域

对于 OSPF 自治系统的 ASBR，若它也是 NSSA 区域的 ABR，则通常不需要将同样的外部路由信息以 Type-5 LSA 和 Type-7 LSA 方式引入两次，这种情况下，可以使用参数 no-import-route，禁止将 AS 外部路由以 Type-7 LSA 的方式发布到 NSSA 区域中。

由于 NSSA 区域获得的 AS 外部路由信息是受限的，因此 NSSA 区域的 ABR 需要通过 Type-7 LSA 向本区域内发布一条默认路由信息，保证去往自治系统外的报文能被正确转发，需要注意的是 NSSA 区域的 ABR 发布的默认路由信息不会转换成 Type-5 LSA，而 NSSA 区域内的 ASBR 发布的默认路由信息则可以转换成 Type-5 LSA。

将一个区域配置成 NSSA 区域。

```
[RouterA-ospf-1-area-0.0.0.1] nssa [default-route-advertise] [no-summary]
```

`default-route-advertise` 命令用来产生、发布默认路由的 Type-7 LSA，该命令只能用于 NSSA 的 ASBR 或 ABR，在 NSSA 的 ABR 上配置时，不论系统的路由表中是否存在默认路由 0.0.0.0，都会产生 Type-7 LSA 默认路由；在配置 NSSA 的 ASBR 时，只有当路由表中存在默认路由 0.0.0.0，才会产生 Type-7 LSA 默认路由。

`no-summary` 只能在 NSSA 区域的 ABR 上配置。使用此参数后，NSSA 的 ABR 只通过 Type-3 的 Summary-LSA 向区域内发布一条默认路由信息，不再向区域内发布任何其他 Summary-LSAs，这种区域又称为 NSSA 完全 Stub 区域。

6.3.4 OSPF 特殊区域配置示例

Stub 区域如图 6-12 所示，RouterA 与 RouterB 通过串口相连，RouterB 与 RouterC 通过以太网口相连，RouterA 属于 Area0，RouterC 属于 Area1，RouterB 既属于 Area0 又属于 Area1。将 Area1 配置为 Stub 区。

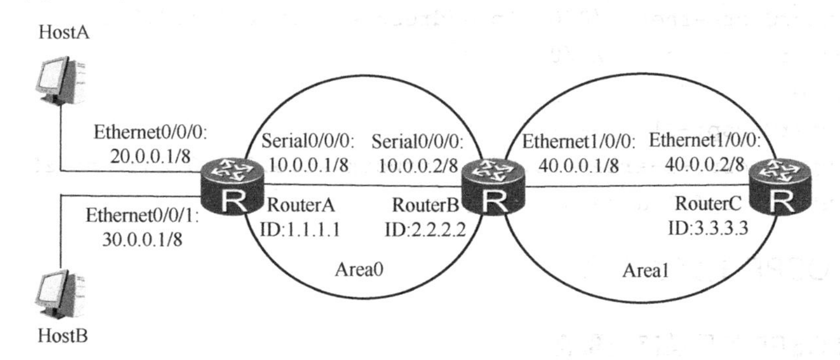

图 6-12 Stub 区域

（1）配置 RouterA。

```
[RouterA ] router id 1.1.1.1
[RouterA ] interface serial0/0/0
[RouterA-serial0/0/0] ip address 10.0.0.1 255.0.0.0
[RouterA-serial0/0/0] interface ethernet0/0/0
[RouterA-ethernet 0/0/0] ip address 20.0.0.1 255.0.0.0
[RouterA-ethernet 0/0/0] interface ethernet0/0/1
[RouterA-ethernet 0/0/1] ip address 30.0.0.1 255.0.0.0
[RouterA-ethernet 0/0/1] quit
```

```
[RouterA] ospf
[RouterA-ospf-1] area 0
[RouterA-ospf-1-area-0.0.0.0] network 10.0.0.1 0.255.255.255
[RouterA-ospf-1 -area-0.0.0.0] network 20.0.0.1 0.255.255.255
[RouterA-ospf-1 -area-0.0.0.0] network 30.0.0.1 0.255.255.255
```

（2）配置 RouterB。

```
[RouterB] router id 2.2.2.2
[RouterB] interface serial0/0/0
[RouterB-serial0/0/0] ip address 10.0.0.2 255.0.0.0
[RouterB-serial0/0/0] interface ethernet 1/0/0
[RouterB-ethernet 1/0/0] ip address 40.0.0.1 255.0.0.0
[RouterB-ethernet 1/0/0] quit
[RouterB] ospf
[RouterB-ospf-1] area 0
[RouterB-ospf-1-area-0.0.0.0] network 10.0.0.2 0.255.255.255
[RouterB-ospf-1-area-0.0.0.0] area 1
[RouterB-ospf-1-area-0.0.0.1] network 40.0.0.1 0.255.255.255
[RouterB-ospf-1-area-0.0.0.1] stub
```

（3）配置 RouterC。

```
[RouterC] router id 3.3.3.3
[RouterC] interface ethernet 1/0/0
[RouterC-ethernet 1/0/0] ip address 40.0.0.2 255.0.0.0
[RouterC-ethernet 1/0/0] quit
[RouterC] ospf
[RouterC-ospf-1] area 1
[RouterC-ospf-1-area-0.0.0.1] network 40.0.0.2 0.255.255.255
[RouterC-ospf-1-area-0.0.0.1] stub
```

6.3.5 OSPF 的路由聚合

1. 配置 OSPF 的区域路由聚合

路由聚合是指具有相同前缀的路由信息，ABR 可以将它们聚合在一起，只发布一条路由信息到其他区域。一个区域可以配置多条聚合网段，这样 OSPF 可以对多个网段进行聚合。ABR 向其他区域发送路由信息时，以网段为单位生成 Type-3 LSA。若该区域中存在一些连续的网段，则可以使用 abr-summary 命令将这些连续的网段聚合成一个网段，ABR 只发送一条聚合后的 LSA，可缩小其他区域中 LSDB 的规模。路由聚合只有在 ABR 上配置才会有效，默认情况下，区域边界路由器不对路由聚合。

配置 OSPF 的区域路由聚合。

```
[Router-ospf-1-area-0.0.0.1] abr-summary ip-address mask [advertise | not-advertise]
```

2．配置 OSPF 的引入路由聚合

默认情况下，OSPF 不对引入路由进行聚合。配置引入路由聚合后，若本地路由器是 ASBR，则将对引入的路由地址范围内的 Type-5 LSA 进行聚合，当配置 NSSA 区域时，还可以对引入的路由地址范围内的 Type-7 LSA 进行聚合。

配置 OSPF 的引入路由聚合。

```
[Router-ospf-1-area-0.0.0.1] asbr-summary ip-address mask [not-advertise |
tag value]
```

6.3.6　OSPF 安全配置

1．配置 OSPF 区域报文验证

在 OSPF 中，一个区域内所有路由器的验证类型都必须一致（不要求报文验证，要求明文验证或者要求 MD5 密文验证），但每条链路上的密码都可以是不同的。默认情况下，区域不要求报文验证。

配置区域报文验证模式。

```
[Router-ospf-1-area-0.0.0.1] authentication-mode {simple | md5}
```

其中，`simple` 为该区域配置明文验证口令；`md5` 为该区域配置 MD5 密文验证字口令。

2．配置接口 OSPF 报文认证

OSPF 支持在相邻路由器的接口上配置明文验证或 MD5 密文验证。默认情况下，接口未配置任何明文或 MD5 验证字。

在接口上配置明文验证。

```
[Router-serial0/0/0] ospf authentication-mode simple password
```

在接口上配置 MD5 密文验证。

```
[Router-serial0/0/0] ospf authentication-mode md5 key_id key
```

3．配置接口禁止发送 OSPF 报文

若要使 OSPF 路由信息不被某个网络中的路由器获得，则禁止在相应接口上发送 OSPF 报文。将运行 OSPF 协议的接口指定为 Silent 状态后，该接口的直连路由仍可以发布出去，但接口的 OSPF 呼叫报文将被阻塞，接口上无法建立邻居关系。这样可以提高 OSPF 的组网适应能力，减少系统资源的消耗。

禁止接口发送 OSPF 报文。

```
[Router-ospf-1] silent-interface interface-type interface-number
```

4．OSPF 的路由过滤

（1）对接收的路由进行过滤。OSPF 接收到 LSAs 后，可以根据一定的过滤条件来决定是否将计算后得到的路由信息加入路由表中。被过滤掉的路由不会出现在本地路由表中。

配置对引入的全局路由信息进行过滤。

```
[Router-ospf-1] filter-policy {acl-number | ip-prefix prefix-name |
```

```
    acl-name acl-name |  route-policy policy-name} import
```

（2）对引入的路由进行过滤。filter-policy export 命令用于配置 ASBR 路由器对引入到 OSPF 的外部路由进行过滤，实际上是对向外发布的引入路由的 LSA 进行过滤，被过滤掉的路由不能转换为 Type-5 LSA 向外发布，该命令只对 ASBR 路由器有效。

配置 OSPF 对向外发布的引入路由的 LSA 进行过滤。

```
    [Router-ospf-1] filter-policy {acl-number | ip-prefix prefix-name | acl-name
acl-name |  route-policy policy-name} export [routing-protocol]
```

6.3.7 OSPF 安全认证配置示例

配置 OSPF 邻居认证的组网图如图 6-13 所示，RouterA 与 RouterB 交换路由更新信息时采用纯文本认证，而 RouterA 与 RouterC 交换路由更新信息时采用 MD5 密文认证。

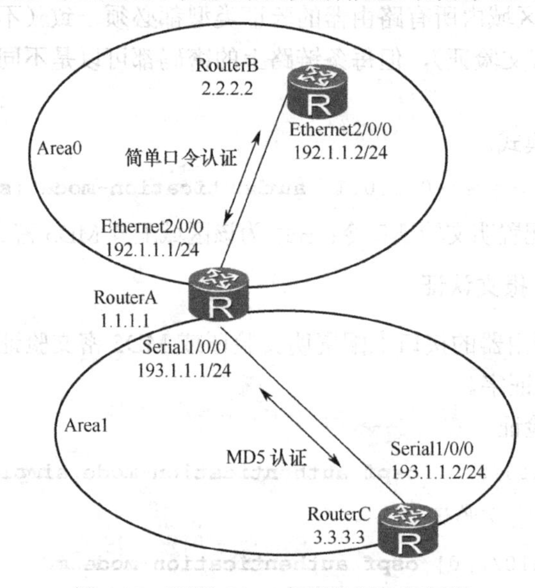

图 6-13　配置 OSPF 邻居认证的组网图

RouterA 的以太网接口与 RouterB 的以太网接口在 OSPF 的 Area0 内，RouterA 的 Serial 口与 RouterC 的 Serial 口都在 Area1 内，它们都为 Area1 配置了 MD5 密文认证。

（1）配置 RouterA。

```
    [RouterA] interface ethernet 2/0/0
    [RouterA-Ethernet2/0/0] ip address 192.1.1.1 255.255.255.0
    [RouterA-Ethernet2/0/0] ospf authentication-mode simple password
    [RouterA] interface serial 1/0/0
    [RouterA-Serial1/0/0] ip address 193.1.1.1 255.255.255.0
    [RouterA-Serial1/0/0] ospf authentication-mode md5 1 password
    [RouterA] router id 1.1.1.1
    [RouterA] ospf
    [RouterA-ospf-1] area 0
    [RouterA-ospf-1-area-0.0.0.0] network 192.1.1.0 0.0.0.255
    [RouterA-ospf-1-area-0.0.0.0] authentication-mode simple
```

```
[RouterA-ospf-1-area-0.0.0.0] quit
[RouterA-ospf-1] area 1
[RouterA-ospf-1-area-0.0.0.1] network 193.1.1.0 0.0.0.255
[RouterA-ospf-1-area-0.0.0.1] authentication-mode md5
```

（2）配置 RouterB。

```
[RouterB] interface ethernet 2/0/0
[RouterB-Ethernet2/0/0] ip address 192.1.1.2 255.255.255.0
[RouterB-Ethernet2/0/0] authentication-mode simple password
[RouterB] router id 2.2.2.2
[RouterB] ospf
[RouterB-ospf-1] area 0
[RouterB-ospf-1-area-0.0.0.0] network 192.1.1.0 0.0.0.255
[RouterB-ospf-1-area-0.0.0.0] authentication-mode simple
```

（3）配置 RouterC。

```
[RouterC] interface serial 1/0/0
[RouterC-Serial1/0/0] ip address 193.1.1.2 255.255.255.0
[RouterC-Serial1/0/0] ospf authentication-mode md5 1 password
[RouterC] router id 3.3.3.3
[RouterC] ospf
[RouterC-ospf-1] area 1
[RouterC-ospf-1-area-0.0.0.1] network 193.1.1.0 0.0.0.255
[RouterC-ospf-1-area-0.0.0.1] authentication-mode md5
```

6.4 OSPF显示和调试

在完成6.3节的配置后，在所有视图下执行 display 命令均可以显示配置后OSPF的运行情况，用户可以通过查看显示信息验证配置的效果。

查看OSPF路由表信息。

```
[Router] display ospf [process-id] routing
```

查看OSPF接口信息。

```
[Router] display ospf [process-id] interface
```

查看OSPF路由进程的信息。

```
[Router] display ospf [process-id] brief
```

查看OSPF的引入路由聚合信息。

```
[Router] display ospf [process-id] asbr-summary [ip-address mask]
```

查看OSPF邻接点信息。

```
[Router] display ospf [process-id] peer [brief]
```

查看OSPF虚连接信息。

```
[Router] display ospf [process-id] vlink
```

查看 OSPF 统计信息。

```
[Router] display ospf [process-id] cumulative
```

查看 OSPF 的 LSDB 信息。

```
[Router] display ospf [process-id] lsdb [brief | asbr | ase | network | nssa | opaque{area-local | as | link-local} | router | summary] [ip-address] [originate-router ip-address] [self-originate]
```

在用户视图下执行 debugging 命令可以对 OSPF 进行调试。

6.5 OSPF 故障诊断与排除

OSPF 故障之一是已经按照第 6.4 节的步骤配置了 OSPF，但路由器 OSPF 却不能正常运行。对该故障进行排除，可按如下步骤进行检查。

1. 局部故障排除

首先检查两台直接相连的路由器之间的协议运行是否正常，正常运行的标志是两台路由器之间 peer 状态机达到 FULL 状态（注：在广播和 NBMA 网络上，两台接口状态是 DROther 的路由器之间 peer 状态机并没有达到 FULL 状态，而达到了 2-way 状态。DR、BDR 与其他所有路由器之间达到 FULL 状态）。

（1）利用 display ospf peer 命令查看区域邻居的信息。

（2）利用 display ospf interface 命令查看接口上 OSPF 信息。

（3）检查物理连接及下层协议是否正常运行。可通过 Ping 命令测试，若从本地路由器 Ping 不通对端路由器，则表明物理连接和下层协议存在问题。

（4）若物理连接和下层协议正常，则检查在接口上配置的 OSPF 参数，必须保证与该接口相邻的路由器的参数一致。区域号必须相同；网段与掩码也必须一致（点到点和虚连接的网段与掩码可以不同）。

（5）确保在同一个接口上 dead-interval 值应至少为 hello-interval 值的 4 倍，且与对端路由器的配置应保持一致。

（6）若网络的类型为 NBMA，则必须使用 peer ip-address 命令手动指定 peer。

（7）若网络类型为广播网或 NBMA，则至少有一个接口的优先级应大于零。

（8）若将一个 Area 配置成 Stub 区域，则在与这个区域相连的所有路由器中都应将该区域配置成 Stub 区域。

（9）相邻的两台路由器接口类型必须一致。

（10）若配置了两个以上的区域，则至少有一个区域应配成骨干区域（即区域号为 0）。

（11）应保证骨干区域与所有的区域均相连。

（12）虚连接不能穿越 Stub 区域。

2. 全局故障排除

若上述步骤无误，但 OSPF 仍不能发现远端路由，则检查如下配置。

（1）若一台路由器配置了两个以上的区域，则至少有一个区域应配置成骨干区域。

OSPF区域如图6-14所示，RTA和RTD上只配置了一个区域，RTB（Area0，Area1）和RTC（Area1，Area2）分别配置了两个区域，其中RTB中有一个区域为0，符合要求，但RTC中的两个区域都不为0，则必须在RTC与RTB之间配置一条虚连接。保证Area 2与Area 0（骨干区域）相连。

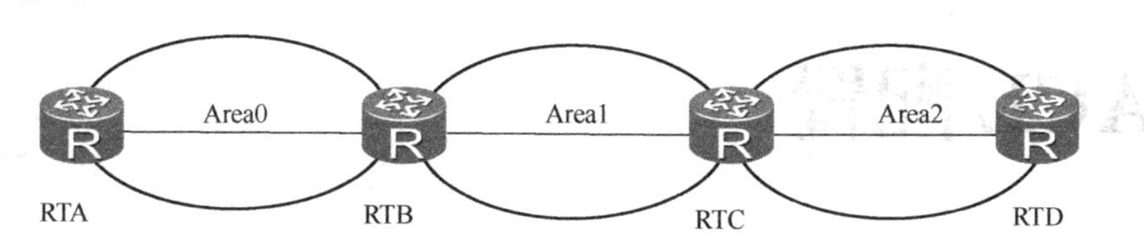

图6-14 OSPF区域

（2）虚连接不能穿越Stub区域，骨干区域也不能配置成Stub区域。即若RTB与RTC之间配置了一条虚连接，则Area 1不能配置成Stub区域，Area 0也不能配置成Stub区域，在图6-14中只有Area 2可以配置成Stub区域。

（3）在Stub区域内的路由器不能接收外部路由。

（4）骨干区域必须保证各个节点的连接。

第7章

ACL 配置

 7.1 ACL 简介

1. ACL 概述

路由器为了过滤数据包需要配置一系列规则，以决定什么样的数据包能够通过，这些规则就是通过访问控制列表（Access Control List，ACL）定义的。ACL 是由 permit | deny 语句组成的一系列有顺序的规则，这些规则根据数据包的源地址、目的地址、端口号等来描述。ACL 通过这些规则对数据包进行分类，这些规则应用到路由器接口上，路由器根据这些规则判断哪些数据包可以接收，哪些数据包拒绝接收。

2. ACL 的分类

按照 ACL 的用途，可以将 ACL 分为以下 4 类。

（1）基于接口的 ACL（Interface-based ACL）。

（2）基本 ACL（Basic ACL）。

（3）高级 ACL（Advanced ACL）。

（4）基于 MAC 地址的 ACL（MAC-based ACL）。

ACL 的使用用途是根据数字范围来指定的，1000～1999 范围的数字型 ACL 是基于接口的 ACL，2000～2999 范围的数字型 ACL 是基本 ACL，3000～3999 范围的数字型 ACL 是高级 ACL，4000～4999 范围的数字型 ACL 是基于 MAC 地址的 ACL。

3. ACL 的匹配顺序

一个 ACL 可以由多条“permit | deny”语句组成，每条语句描述的规则均不同，这些规则可能存在重复或矛盾，在将一个数据包和 ACL 的规则进行匹配时，究竟采用哪些规则，这需要确定规则的匹配顺序。

匹配顺序有两种：配置顺序和自动排序。配置顺序是指按照用户配置 ACL 规则的先后顺序进行匹配。自动排序使用深度优先原则进行匹配。

深度优先原则是把指定数据包范围最小的语句排在最前面。这一点可以通过比较地址的通配符来实现，通配符越小则指定的主机的范围就越小。例如，129.102.1.1 0.0.0.0 指定了一台主机(129.102.1.1)，而 129.102.1.1 0.0.0.255 则指定了一个网段(129.102.1.1～129.102.1.255)，

显然前者在 ACL 规则中排在前面。具体标准为：对于基本 ACL 规则的语句，直接比较源地址通配符，通配符相同的则按配置顺序排序；对于高级 ACL 规则，首先比较源地址通配符，通配符相同的再比较目的地址通配符，仍相同的再比较端口号的范围，范围小的排在前面，若端口号范围也相同则按配置顺序排序。

使用 display acl 命令可以看出哪条规则首先生效。显示时，排在前面的规则首先生效。

4. ACL 的创建

若干个规则列表构成一个 ACL。在配置 ACL 规则前，首先需要创建一个 ACL。

使用如下命令创建一个 ACL。

```
[Router] acl [number] acl-number [match-order {config | auto}]
```

使用如下命令删除一个或所有 ACL。

```
[Router] undo acl {[number] acl-number | all}
```

参数说明如下。

acl-number：ACL 序号。

match-order config：指定匹配该 ACL 时按用户的配置排序。

match-order auto：指定匹配该 ACL 时按系统自动排序，即按深度优先原则自动排序。

默认情况下，匹配顺序为按用户的配置排序，即利用 config 命令。用户一旦指定某个 ACL 的匹配顺序，就不能再更改该顺序，除非把该 ACL 的内容全部删除，再重新指定其匹配顺序。

创建一个 ACL 后，将进入 ACL 视图，ACL 视图是按照 ACL 的用途来分类的，例如，创建一个数字编号为 3000 的数字型 ACL，将进入高级 ACL 视图，路由器的提示符为：

```
[Router-acl-adv-3000]
```

进入 ACL 视图后，就可以配置 ACL 规则了。对于不同的 ACL，其规则是不一样的，具体的 ACL 规则的配置方法将在后面小节分别介绍。

5. 基本 ACL

基本 ACL 只能使用源 IP 地址信息作为定义 ACL 规则的元素。通过上面介绍的 acl 命令，可以创建一个基本 ACL，同时进入基本 ACL 视图，在基本 ACL 视图下，可以创建基本 ACL 的规则。

使用如下命令定义一个基本 ACL 规则。

```
[Router-acl-basic-2000] rule [ rule-id ] { permit | deny } [ source sour-addr
sour-wildcard | any ] [ time-range time-name ] [fragment-type {fragment |
non-fragment | fragment-subseq}] [ vpn-instance vpn-instance-name ]
```

参数说明如下。

rule-id：可选参数，ACL 规则编号，范围为 0～65534。当指定了编号，若与编号对应的 ACL 规则已经存在，则会使用新定义的规则覆盖旧定义的规则，相当于编辑一个已经存在的 ACL 规则；若与编号对应的 ACL 规则不存在，则使用指定的编号创建一个新的规则。若不指定编号，则表示只要增加一个新规则，系统就会自动为这个 ACL 规则分配一个编号，并增加新规则。

permit：允许符合条件的数据包通过。

deny：拒绝不符合条件的数据包通过。

source：可选参数，指定 ACL 规则的源地址信息。若不指定，则表示报文的任何源地址都匹配。

sour-addr：数据包的源地址，用点分十进制表示；或用 any 代表所有网段。

sour-wildcard：源地址通配符，用点分十进制表示。

time-range：可选参数，指定 ACL 的生效时间。

time-name：ACL 生效的时间段名称。

使用如下命令删除一个基本 ACL 规则。

```
[Router-acl-basic-2000] undo rule rule-id [source] [time-range] [vpn- instance] [fragment-type]
```

参数说明如下。

rule-id：ACL 规则编号，必须是一个已经存在的 ACL 规则编号。若后面不指定参数，则将这个 ACL 规则完全删除；否则只删除对应 ACL 规则的部分信息。

source：可选参数，仅删除编号对应的 ACL 规则的源地址部分的信息设置。

time-range：可选参数，仅删除编号对应的 ACL 规则在规定时间内生效的设置。

fragment-type：可选参数，仅删除编号对应的 ACL 规则对非首片分片报文有效设置。

vpn-instance：可选参数，仅删除编号对应的 ACL 规则中关于 VPN 实例的设置。

6. 高级 ACL

高级 ACL 可以使用数据包的源地址信息、目的地址信息、IP 承载的协议类型及针对协议的特性。例如，TCP 的源端口、目的端口，ICMP 协议的类型、代码等内容定义规则。可以利用高级 ACL 定义比基本 ACL 更准确、更丰富、更灵活的规则。

使用如下命令定义一个高级 ACL 规则。

```
[Router-adv-3000] rule [rule-id] {permit | deny} protocol [source sour-addr sour-wildcard | any] [destination dest-addr dest-mask | any] [source-port operator port1 [port2]] [destination-port operator port1 [port2]] [icmp-type {icmp-type icmp-code| icmp-message}] [precedence precedence] [tos tos] [time-range time-name] [fragment-type {fragment | non-fragment | fragment-subseq}][vpn-instance vpn-instance-name]
```

参数说明如下。

protocol：用名字或数字表示的 IP 承载的协议类型。数字范围为 1～255；名字可以取为 gre、icmp、igmp、ip、ipinip、ospf、tcp、udp。

source：可选参数，指定 ACL 规则的源地址信息。若不配置该参数，则表示报文的任何源地址都匹配。

sour-addr：数据包的源地址，用点分十进制表示；或用 any 代表源地址 0.0.0.0，通配符 255.255.255.255。

sour-wildcard：源地址通配符，用点分十进制表示。

destination：可选参数，指定 ACL 规则的目的地址信息。若不配置该参数，则表示报文的任何目的地址都匹配。

dest-addr：数据包的目的地址，用点分十进制表示；或用 any 代表目的地址 0.0.0.0 ，通配符 255.255.255.255。

dest-wildcard：目的地址通配符，用点分十进制表示；或用 any 代表目的地址 0.0.0.0，通配符 255.255.255.255。

source-port：可选参数，指定 UDP 或者 TCP 报文的源端口信息，仅在规则指定的协议号是 TCP 或者 UDP 时才有效。若不指定该参数，则表示 TCP/UDP 报文的任何源端口信息都匹配。

destination-port：可选参数，指定 UDP 或者 TCP 报文的目的端口信息，仅在规则指定的协议号是 TCP 或者 UDP 时才有效。若不指定该参数，则表示 TCP/UDP 报文的任何目的端口信息都匹配。

operator：可选参数，比较源地址或者目的地址的端口号的操作符，操作符的名称及意义分别为：lt（小于），gt（大于），eq（等于），neq（不等于），range（在范围内）。只有 range 需要两个端口号作为操作数，其他的操作符只需要一个端口号作为操作数。

port1，port2：可选参数，用名字或数字表示 TCP 或 UDP 的端口号，数字的取值范围为 0～65535。

precedence：可选参数，数据包可以根据优先级字段进行过滤。取值为 0～7 的数字或名字。

tos：可选参数，数据包可以根据服务类型字段进行过滤。取值为 0～15 的数字或名字。

logging：可选参数，是否将符合条件的数据包用作日志。日志内容包括 ACL 规则的序号、数据包通过或被丢弃、IP 承载的上层协议类型、源/目的地址、源/目的端口号及数据包的数目。

time-range time-name：配置这条访问控制规则生效的时间段。

fragment：指定该规则是否仅对非首片分片报文有效。当包含此参数时，表示该规则仅对非首片分片报文有效。

vpn-instance：可选参数，指定报文属于哪个 VPN 实例。若没有指定该参数，则该规则对所有 VPN 实例中的报文都有效；若指定该参数，则表示该规则仅对指定的 VPN 实例中的报文有效。

使用如下命令删除一个高级 ACL 规则。

```
[Router-acl-adv-3000] undo rule rule-id [source] [destination] [source-port] [destination-port] [icmp-type] [dscp] [precedence] [tos] [time-range] [fragment] [vpn-instance vpn-instance-name]
```

参数说明如下。

rule-id：ACL 规则编号，必须是一个已经存在的 ACL 规则编号。若后面不指定参数，则将这个 ACL 规则完全删除；否则只删除对应 ACL 规则的部分信息。

source：可选参数，仅删除编号对应的 ACL 规则的源地址部分的信息设置。

destination：可选参数，仅删除编号对应的 ACL 规则的目的地址部分的信息设置。

source-port：可选参数，仅删除编号对应的 ACL 规则的源端口部分的信息设置，仅在规则的协议号是 TCP 或者 UDP 的情况下才有效。

destination-port：可选参数，仅删除编号对应的 ACL 规则的目的端口部分的信息设置，仅在规则的协议号是 TCP 或者 UDP 的情况下才有效。

icmp-type：可选参数，仅删除编号对应的 ACL 规则 ICMP 类型和消息码部分的信息设置，仅在规则的协议号是ICMP的情况下才有效。

dscp：指定DSCP字段（IP报文中的DS字节）。

precedence：可选参数，仅删除编号对应的ACL规则的precedence的相关设置。

tos：可选参数，仅删除编号对应的ACL规则的tos的相关设置。

time-range：可选参数，仅删除编号对应的ACL规则在规定时间生效的设置。

fragment：可选参数，仅删除编号对应的ACL规则对非首片分片报文有效的设置。

vpn-instance：可选参数，仅删除编号对应的ACL规则中关于VPN实例的设置。

7. 基于MAC地址的ACL

基于以太网MAC地址的ACL的acl-number的取值范围是4000～4999。

使用如下命令定义一个基于MAC地址的ACL规则。

```
[Switch-acl-L2-4000] rule [rule-id] {deny | permit} [type type-code type-wildcard | lsap lsap-code lsap-wildcard]] [source-mac sour-addr sour-wildcard] [dest-mac dest-addr dest-mask] [time-range time-name]
```

参数说明如下。

sour-addr为数据帧的源MAC地址，格式为xxxx-xxxx-xxxx，用来匹配一个数据帧的源地址。

dest-addr为报文的目的MAC地址，格式为xxxx-xxxx-xxxx，用来匹配一个数据帧的目的地址。

dest-mask为目的MAC地址的通配符。

可以使用如下命令删除一个基于MAC地址的ACL规则。

```
[Switch-acl-L2-4000] undo rule rule-id [description]
```

8. ACL对分片报文的支持

传统的包过滤并不处理所有IP报文分片，而只对第一个（首片）分片报文进行匹配处理，后续分片一律放行。这样，网络攻击者可能构造后续的分片报文进行流量攻击，这样就带来了安全隐患。

VRP平台的包过滤提供了对分片报文过滤的功能，包括对所有的分片报文进行三层（IP层）的匹配过滤；同时，对于包含扩展信息的ACL规则项（如包含TCP/UDP端口号，ICMP类型），提供标准匹配和精确匹配两种匹配方式。标准匹配即三层信息的匹配，匹配时将忽略三层以外的信息；精确匹配对所有的ACL项条件都进行匹配，这就要求防火墙必须记录首片分片报文的状态以获得完整的后续分片的匹配信息。默认的功能方式为标准匹配方式。

在ACL规则配置项中，通过关键字fragment来标识该ACL规则仅对非首片分片报文有效，而对非分片报文和首片分片报文而言，可以忽略此规则。另外，不包含此关键字的配置规则项对所有报文均有效。

例如：

```
[Router-basic-2000] rule deny source 202.101.1.0 0.0.0.255 fragment-type fragment
[Router-basic-2000] rule permit source 202.101.2.0 0.0.0.255
[Router-adv-3001] rule permit ip destination 171.16.23.1 0 fragment-type
```

```
fragment
    [Router-adv-3001] rule deny ip destination 171.16.23.2 0
```

上述规则项中，所有规则项对非首片分片报文均有效；第一项与第三项规则项对非分片和首片分片报文无效，并且仅对非首片分片报文有效。

7.2 ACL 配置的内容

ACL 的配置包括以下几项。

（1）配置基本 ACL。

（2）配置高级 ACL。

（3）配置基于接口的 ACL。

（4）配置基于 MAC 地址的 ACL。

（5）删除 ACL。

1. 配置基本 ACL

创建基本 ACL。

```
[Router] acl [number] acl-number [match-order {config | auto}]
```

配置 ACL 规则。

```
[Router-acl-basic-2000] rule [rule-id] {permit | deny} [source sour-addr sour-wildcard | any] [time-range time-name] [fragment-type {fragment | non-fragment | fragment-subseq}] [vpn-instance vpn-instance-name]
```

删除 ACL 规则。

```
[Router-acl-basic-2000] undo rule rule-id [source] [time-range] [vpn- instance] [fragment-type]
```

2. 配置高级 ACL

创建高级 ACL。

```
[Router] acl [number] acl-number [match-order {config | auto}]
```

配置 ACL 规则。

```
[Router-adv-3000] rule [rule-id] {permit | deny} protocol [source sour-addr sour-wildcard | any] [destination dest-addr dest-mask | any] [source-port operator port1 [port2]] [destination-port operator port1 [port2]] [icmp-type {icmp-type icmp-code| icmp-message}] [precedence precedence] [tos tos] [time- range time-name] [fragment-type {fragment | non-fragment | fragment-subseq}] [vpn-instance vpn- instance-name]
```

删除 ACL 规则。

```
[Router-adv-3000] undo rule rule-id [source] [destination] [source-port] [icmp-type] [precedence] [destination-port] [tos] [time-range] [fragment- type] [vpn-instance]
```

3. 配置基于接口的 ACL

创建基于接口的 ACL。

```
[Router] acl [number] acl-number [match-order {config | auto}]
```

配置 ACL 规则。

```
[Router-acl-if-1000] rule rule-id {permit | deny} [interface type number | any]
[time-range time-name]
```

删除 ACL 规则。

```
[Router-acl-if-1000] undo rule rule-id [time-range]
```

其中，interface type number 指定接口名，any 表示所有接口。

4. 配置基于 MAC 地址的 ACL

创建基于 MAC 地址的 ACL。

```
[Switch] acl [number] acl-number
```

配置 ACL 规则。

```
[Switch-acl-L2-4000] rule [rule-id] {deny | permit} [type type-code type-
wildcard | lsap lsap-code lsap-wildcard]] [source-mac sour-addr sour-wildcard]
[dest-mac dest-addr dest-mask] [time-range time-name]
```

删除 ACL 规则。

```
[Switch-acl-L2-4000] undo rule rule-id [description]
```

5. 删除 ACL

删除 ACL 的相关语句如下。

```
[Router] undo acl [number] {acl-number | all}
```

7.3 时间段配置

创建/删除一个时间段。在同一个名字下可以配置多个时间段，这些时间段是逻辑或关系。
创建一个时间段。

```
[Router] time-range time-name [start-time to end-time] [days] [from time1
date1] [to time2 date2]
```

删除一个时间段。

```
[Router] undo time-range time-name [start-time to end-time] [days] [from
time1 date1] [to time2 date2]
```

7.4 ACL 的显示与调试

在所有视图下执行 display 命令后均可以显示配置后 ACL 和时间段的运行情况，通过查看显示信息确认配置的效果。在用户视图下执行 reset 命令可以清除访问规则计数器。

显示配置的ACL规则。

```
[Router] display acl {all | acl-number}
```

显示时间段。

```
[Router] display time-range {all | time-name}
```

清除ACL规则计数器。

```
<Router> reset acl counter {all | acl-number}
```

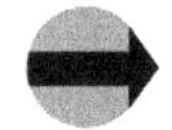

7.5 ACL典型配置举例

7.5.1 基于MAC地址的ACL配置举例

1. 组网需求

基于MAC地址的ACL配置组网图如图7-1所示，其网络分为管理部、研发部和服务器三个区域，其中研发部和管理部均配置了视频设备，这些视频设备的MAC地址为000f-e2xx-xxxx，现要求限制这些设备仅每天的8:30到18:00才能够向外网发送数据。

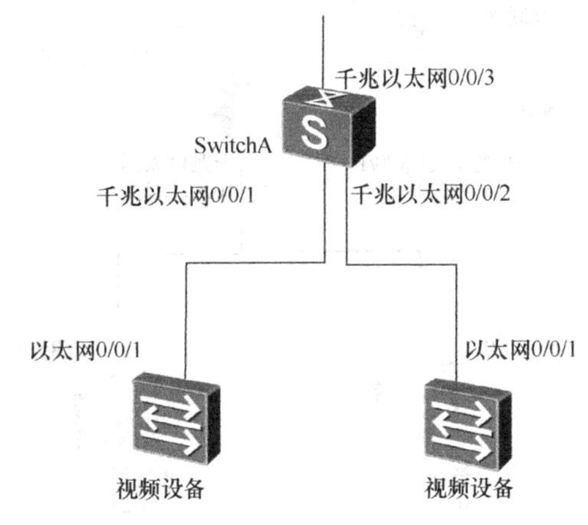

图7-1 基于MAC地址的ACL配置组网图

2. 配置步骤

（1）配置时间段time1，时间范围为每天的8:30～18:00。

```
[SwitchA] time-range time1 8:30 to 18:00 daily
```

（2）创建二层ACL（4000），定义规则为在time1时间段内允许源MAC地址前缀为000f-e2的所有报文均通过，其他时间拒绝这些报文通过。

```
[SwitchA] acl number 4000
[SwitchA-acl-ethernetframe-4000] rule permit source-mac 000f-e200-0000 ffff-ff00-0000 time-range time1
[SwitchA-acl-ethernetframe-4000] rule deny source-mac 000f-e200-0000 ffff-ff00-0000
```

```
[SwitchA-acl-ethernetframe-4000] quit
```

（3）配置包过滤功能，应用二层 ACL（4000）对端口千兆以太网 0/0/1 和千兆以太网 0/0/2 接收到的报文进行过滤。

```
[SwitchA] interface gigabitethernet 0/0/1
[SwitchA-GigabitEthernet0/0/1] traffic-filter inbound acl 4000
[SwitchA-GigabitEthernet0/0/1] quit
[SwitchA] interface gigabitethernet 0/0/2
[SwitchA-GigabitEthernet0/0/2] traffic-filter inbound acl 4000
[SwitchA-GigabitEthernet0/0/2] quit
```

7.5.2 高级 ACL 配置举例

1. 组网需求

高级 ACL 配置组网图如图 7-2 所示，某公司的网络分为管理部、研发部和服务器三个区域，这三个区域通过路由设备与互联网连接。

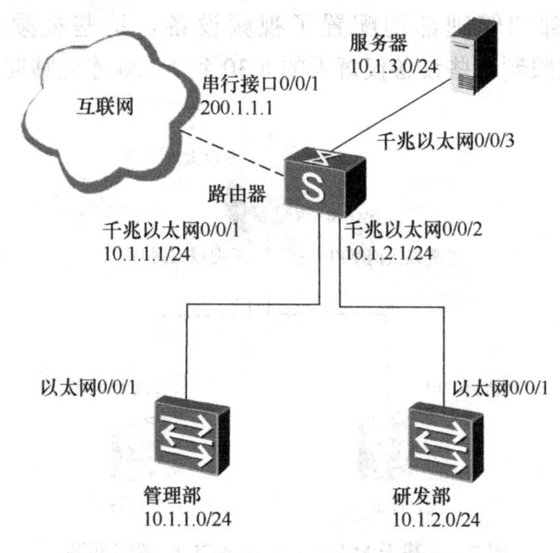

图 7-2 高级 ACL 配置组网图

现要求通过 ACL 实现以下要求：管理部任意时间都可以访问互联网和服务器，但不能访问研发部。研发部在工作时间（周一至周五的 8:30～18:00）只能访问服务器，但不能访问互联网和管理部；非工作时间可以访问互联网和服务器，但不能访问管理部。

2. 配置步骤

（1）配置接口的 IP 地址。

```
<Router> system-view
[Router] interface Serial0/0/1
[Router-Serial0/0/1] ip address 200.1.1.1 24
[Router-Serial0/0/1] quit
```

读者可以参考以上方法配置其他接口的 IP 地址，具体配置步骤省略。

（2）配置到外网的默认路由。

```
[Router] ip route-static 0.0.0.0 0.0.0.0 200.1.1.2
```

（3）配置管理部的网络权限。

```
[Router] acl number 3000
[Router-acl-adv-3000] rule deny ip destination 10.1.2.0 0.0.0.255
[Router-acl-adv-3000] quit
[Router] interface gigabitethernet 0/0/1
[Router-GigabitEthernet0/0/1] traffic-filter inbound acl 3000
[Router-GigabitEthernet0/0/1] quit
```

（4）配置研发部的网络权限。

```
[Router] time-range worktime 8:30 to 18:00 working-day
[Router] acl number 3001
[Router-acl-adv-3001] rule permit ip destination 10.1.3.0 0.0.0.255 time-
range worktime
[Router-acl-adv-3001] rule deny ip time-range worktime
[Router-acl-adv-3001] rule deny ip destination 10.1.1.0 0.0.0.255
[Router-acl-adv-3001] quit
[Router] interface gigabitethernet 0/0/2
[Router-GigabitEthernet0/0/2] traffic-filter inbound acl 3001
[Router-GigabitEthernet0/0/2] quit
```

第 8 章

DHCP 配置

8.1　DHCP 简介

随着互联网技术在全球范围内的飞速发展，现代网络正在朝大型化、广域化、应用多样化和复杂化的方向迈进。网络应用已经渗透到人们生活和工作的方方面面。中小企业基本拥有了自己的内部网络，公司的日常管理、业务运作、对外沟通等都依靠内部网络完成，网络的正常运行已经同公司的正常发展密不可分。网络维护人员常常会被无休止地配置 IP 地址、修改 IP 地址这些小事纠缠得焦头烂额，根本无法享受网络工作者应享受的工作乐趣。

DHCP 是 Dynamic Host Configuration Protocol 的缩写，它的前身是 BOOTP。BOOTP 原本是用于无盘工作站连接网络的。主机使用 BOOT ROM 启动而不是硬盘启动，并连接到网络，BOOTP 可以自动地为这些主机设定 TCP/IP 环境。但 BOOTP 有一个缺点：用户在设定 TCP/IP 环境前必须事先获得客户端的硬件地址，而且与 IP 地址的对应是静态的。换言之，BOOTP 非常缺乏动态性，若 BOOTP 在有限的 IP 资源环境中，则 BOOTP 的一一对应会造成不小的资源浪费。

DHCP 是 BOOTP 的增强版本，它主要分为两个部分：一个是服务器端，另一个是客户机端。所有的 IP 网络正常运行的重要信息（如 IP 地址、网关信息、DNS 服务器信息等）都由 DHCP 服务器集中管理，并负责处理客户端的 DHCP 请求；而客户端会自动使用从服务器分配出来的 IP 网络信息进行数据通信。DHCP 通过租约的概念有效且动态地分配客户端的 TCP/IP 设定，而且 DHCP 也完全向下兼容 BOOTP，BOOTP 客户端也能够在 DHCP 的环境中良好运行。DHCP 运行在 C/S 模式下，消息封装采用 UDP 方式，客户端到服务器的 DHCP 消息发送到 DHCP 服务器的端口号是 67，服务器到客户端的 DHCP 消息发送到 DHCP 客户端的端口号是 68。

8.2　DHCP 技术原理

1. 基本概念

在 DHCP 技术中，涉及最多的几个基本概念是 DHCP 服务器（DHCP Server）、DHCP 客户端（DHCP Client）和 DACP 中继（DHCP Relay）。

DHCP Server：DHCP Server 提供网络配置参数给 DHCP Client，它通常是一台服务器或网络设备。

DHCP Client：DHCP Client 通过 DHCP 协议来获得网络配置参数，它通常是一台主机或网络设备。

DHCP Relay：在 DHCP Server 和 DHCP Client 间转发跨网段 DHCP 消息的设备，它通常是网络设备（交换机或路由器）。

2. DHCP 通信原理简介

在一个通过 DHCP 技术进行 IP 地址分配和管理的网络中，一台主机（DHCP Client）想要获得相关的 TCP/IP 信息，并不需要对这台主机进行手动设定。DHCP Client 向 DHCP Server 发送必要的配置申请信息，DHCP Server 对这些配置申请信息进行回应，反馈给 DHCP Client 相应的配置申请信息（包括待分配的 IP 地址、子网掩码、默认网关等参数），DHCP Client 通过辅助信息对配置申请信息进行验证，若配置申请信息正确，则 DHCP Client 将利用所获得的信息和 TCP/IP 参数完成后续的数据通信工作。通常情况下，DHCP 采用广播方式实现消息交互，消息一般不能跨网段传输，若需要跨网段，则采用 DHCP Relay 技术实现。DHCP Client 通过自动方式获得所需要的参数，这样网络管理人员和维护人员的工作压力在很大程度上得到了减轻。

3. DCHP 中 IP 地址分配模式

在 DCHP 中，对 IP 地址的分配模式有以下 3 种。

（1）自动分配（Automatic Allocation）：为连接到网络的某些主机分配 IP 地址，该 IP 地址将长期由该主机使用。

（2）动态分配（Dynamic Allocation）：DHCP Server 为 DHCP Client 指定一个 IP 地址，同时为此地址规定一个租用期限，若租用期限到期，则 DHCP Client 必须重新申请地址，这是 DHCP Client 申请地址最常用的方法。

（3）手动分配（Manual Allocation）：网络管理人员为某些少数特定的主机绑定固定的 IP 地址，并且该 IP 地址不会过期。

4. DHCP 中 IP 地址分配的优先级

在 DHCP 应用环境中，DHCP Server 为 DHCP Client 分配 IP 地址时采用的基本原则是尽可能地为 DHCP Client 分配原来使用的 IP 地址。所以在实际使用过程中发现，即使在 DHCP Client 重新启动后，当它再次获得 IP 地址时也能够重新获得与原来相同的 IP 地址。DHCP Server 为 DHCP Client 分配 IP 地址时采用如下的先后顺序。

（1）DHCP Server 数据库中与 DHCP Client 的 MAC 地址静态绑定的 IP 地址。

（2）当 DHCP Client 再次申请 IP 地址时，DHCP Client 发送 DHCPDISCOVER 消息，其地址选项中会包含上次使用的 IP 地址，除非此 IP 地址被分配出去或此 IP 地址进行了其他不可用操作（如此 IP 地址被禁用等），否则 DHCP Client 将再次使用此 IP 地址。

（3）顺序查找 DHCP 地址池中可供分配的 IP 地址，最先找到的可用 IP 地址，其优先级最高。

（4）若未找到可用的 IP 地址，则依次查询超过租用期限和发生冲突的 IP 地址，若找到则进行分配；否则报告错误。

5. DHCP 消息的封装结构

DHCP 消息的封装结构如图 8-1 所示。

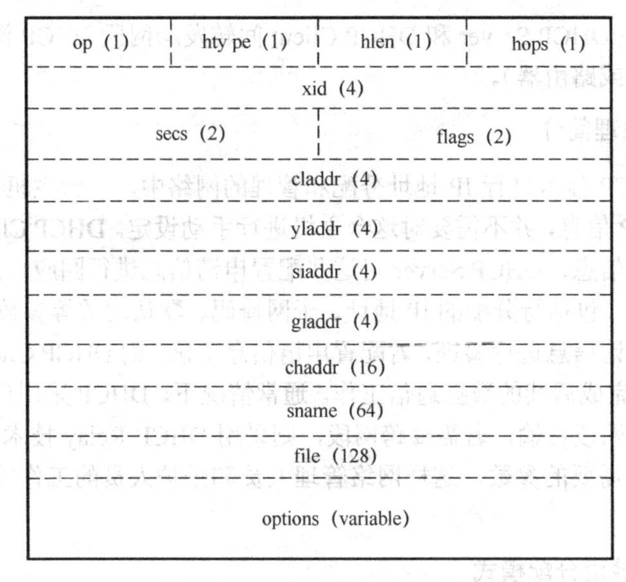

图 8-1 DHCP 消息的封装结构

op：报文类型，1 表示请求报文，2 表示回应报文。

hty pe：硬件地址类型，1 表示 10Mbit/s 的以太网的硬件地址。

hlen：硬件地址长度，在以太网中该值为 6。

hops：跳数，客户端设置为 0，一个代理服务器可以设置该参数。

xid：事务 ID，由客户端选择的一个随机数，被服务器和客户端用来在它们之间交流请求和响应，客户端用它对请求和应答进行匹配。该 ID 由客户端设置并由服务器返回，为 32 位整数。

secs：由客户端填充，表示从客户端开始获得 IP 地址或 IP 地址续借后所使用了的秒数。

flags：标志字段，16 位，目前只使用了最左边的一个比特位，该位为 0 时表示单播，为 1 时表示广播。

claddr：客户端的 IP 地址。只有客户端是 Bound、Renew、Rebinding 状态，并且能响应 ARP 请求时，该地址才能被填充。

yladdr：用户本身的 IP 地址或客户端的 IP 地址。

siaddr：表明 DHCP 协议流程的下一个阶段要使用的服务器的 IP 地址。

giaddr：DHCP 中继器的 IP 地址。

chaddr：客户端硬件地址。客户端必须设置它的 chaddr 字段。UDP 数据包中的以太网帧首部也有该字段，但通过查看 UDP 数据包来确定以太网帧首部中的该字段获取该值比较困难或者不可能，而在 UDP 协议承载的 DHCP 报文中设置该字段，用户进程就可以很容易获取该值。

sname：可选的服务器主机名，该字段是空结尾的字符串，由服务器填写。

file：启动文件名，它是一个空结尾的字符串。DHCP Discover 报文中 file 是 generic 或空字符，DHCP Offer 报文中提供有效的目录路径全名。

options（variable）：可选参数域，格式为“代码+长度+数据”。

6. DHCP协议消息

DHCP协议消息分为8种，分别为DHCPDISCOVER消息、DHCPOFFER消息、DHCPREQUEST消息、DHCPACK消息、DHCPNAK消息、DHCPRELEASE消息、DHCPDECLINE消息和DHCPINFORM消息。

（1）DHCPDISCOVER消息

DHCPDISCOVER消息是DHCP Client系统初始化完毕后第一次向DHCP Server发送的请求消息。DHCP Client将此消息以广播的方式发送给网络上的DHCP Server。当DHCP Server收到来自DHCP Client的DHCPDISCOVER消息后，会试图从自身的IP地址数据库中为DHCP Client选择一个IP地址，若没有可用地址，则DHCP Server会向系统管理员报告；若有可用地址，则DHCP Server会选择一个可用地址给DHCP Client。

（2）DHCPOFFER消息

DHCPOFFER消息是DHCP Server对DHCPDISCOVER消息的回应消息，通常采用广播方式发送。在该消息中，DHCP Server将使用挑选出的IP地址填充消息中的yiaddr字段，作为即将分配给DHCP Client的IP地址，DHCP Server分配给DHCP Client的IP地址的有效期也需要在该消息中指定，有效期通常也称为租期。

（3）DHCPREQUEST消息

DHCPREQUEST消息是DHCP Client发送给DHCP Server的请求消息，根据DHCP Client当前所处的不同状态采用单播或广播的方式发送。完成的功能包括DHCP Server选择、特定IP地址申请和IP地址续租。

（4）DHCPACK /DHCPNAK消息

DHCPACK消息和DHCPNAK消息都是DHCP Server对接收到的DHCP Client请求消息的最终确认。若收到的请求消息（DHCPREQUEST、DHCPINFORM）中的各项参数均正确，则DHCP Server回应DHCPACK消息；否则DHCP Server回应DHCPNAK消息。

（5）DHCPRELEASE消息

当DHCP Client想要释放已经获得的IP地址资源或取消租期时，将向DHCP Server发送DHCPRELEASE消息，采用单播方式发送。DHCP Server收到该消息后就将相应的IP地址资源重新标记为可再分配，同时DHCP Server应该保留DHCP Client的初始化参数记录，以备后续响应DHCP Client对此地址可能的重新申请。

（6）DHCPDECLINE消息

当DHCP Client收到DHCPACK消息后，它将对所获得的IP地址进行进一步确认，通常利用ICMP消息进行确认，若发现该IP地址已经在网络上使用，则它将采用广播的方式向DHCP Server发送DHCPDECLINE消息，拒绝所获得的这个IP地址，然后等待一个随机时间后重新进行新一轮的IP地址申请。

（7）DHCPINFORM消息

当DHCP Client通过其他方式（如手动设定）已经获得可用的IP地址时，若DHCP Client还需要向DHCP Server索要其他的配置参数（如DNS Server IP等），则它将向DHCP Server发送DHCPINFORM消息进行申请。若DHCP Server能够对所请求的参数进行分配，则它会以单播方式回应DHCPACK消息；否则不进行任何操作。当DHCP Client向DHCP Server发送 DHCPINFORM 消息时，若可以确定该 DHCP Server 的单播地址，则消息将采用单播方式进行发送；否则将采用广播方式进行发送。

7. DHCP 通信过程

当 DHCP Client 接入网络第一次进行 IP 地址申请时，DHCP Server 和 DHCP Client 完成如下的信息交互过程。

第 1 步：DHCP Client 在它所在的本地物理子网中广播一个 DHCPDISCOVER 消息，此消息包含 IP 地址和 IP 地址租期的选项建议值。

第 2 步：本地物理子网中的 DHCP Server 都将通过 DHCPOFFER 消息来回应 DHCPDISCOVER 消息，DHCPOFFER 消息应该包括 yiaddr 域的可用网络地址和其他 DHCP Options 的配置参数。当分配新地址时，DHCP Server 应该确认提供的网络地址没有被其他 DHCP Client 使用。

第 3 步：DHCP Client 收到一个或多个 DHCP Server 发送的 DHCPOFFER 消息后，将从多个 DHCP Server 中选择其中的一个，并且广播包含 Server Identifier 选项的 DHCPREQUEST 消息来表明哪个 DHCP Server 被选择，同时也可以包括其他配置参数的期望值。若 DHCP Client 端在 secs 域的时间耗尽后，依然没有收到 DHCPOFFER 消息，则它会重新发送 DHCPDISCOVER 消息。

第 4 步：DHCP Server 收到 DHCP Client 的 DHCPREQUEST 广播消息后，发送 DHCPACK 消息作为回应。DHCPACK 消息中的配置参数不能与早前响应 DHCP Client 的 DHCPOFFER 消息中的配置参数有冲突。若因需求的地址已经被分配等情况导致被选择的 DHCP Server 不能满足需求，则 DHCP Server 应该回应一个 DHCPNAK 消息。

第 5 步：DHCP Client 收到 DHCPACK 消息后，会发送目的地址为 DHCP Server 指定分配地址的 ARP 消息做最后确认。这时，ARP 请求的源 MAC 是 DHCP Client 自身的硬件网络地址，其源 IP 是 0，这样是为了避免与同一子网内的其他主机产生混淆。若通过 ARP 探测该地址没有被使用，则 DHCP Client 就会使用此地址并且完成配置；若 DHCP Client 探测到该地址已经被分配使用，则 DHCP Client 会向 DHCP Server 发送 DHCPDECLINE 消息，并且重新开始配置进程。

若 DHCP Client 既没有收到 DHCPACK 消息又没有收到 DHCPNAK 消息，则在超过一定时间后，DHCP Client 会重新发送 DHCPREQUEST 消息。在 DHCP Client 重新启动初始化进程前，可以重传 4 次 DHCP REQUEST 消息，共延时 60s。若在启用重传机制后依然没有收到 DHCPACK 消息和 DHCPNAK 消息，则 DHCP Client 将恢复到初始状态并且重新启动初始化进程。

第 6 步：若 DHCP Client 选择放弃自身 IP 地址或租期，则它将向 DHCP Server 发送 DHCPRELEASE 消息。若 DHCP Client 已经记录了上次使用的网络地址（如 DHCP Client 在租期未到期前重新启动），并且在地址申请时还希望再使用此地址，则同上述过程相比可以省略以下步骤。

第 1 步：DHCP Client 在本地子网内广播 DHCPREQUEST 消息，在消息的 Requested IP Address 选项中选择 DHCP Client 希望使用的网络地址。

第 2 步：已知配置参数的 DHCP Server 会向 DHCP Client 响应一个 DHCP ACK 消息，而 DHCP Server 不必去确认 DHCP Client 的地址是否被使用。若 DHCP Client 的请求是无效的（如

DHCP Client 已经移到一个新的子网内），则 DHCP Server 将会响应一个 DHCPNAK 消息。

第 3 步：DHCP Client 收到含有配置参数的 DHCPACK 消息后，DHCP Client 执行最后的确认，并且标记 DHCPACK 所指定的租期，这时 DHCP Client 配置完毕。若 DHCP Client 探测到申请的 IP 地址已经被使用，则 DHCP Client 将会向 DHCP Server 发送 DHCPDECLINE 消息，并且重启新地址，请求配置进程；若 DHCP Client 收到 DHCPNAK 消息，即它将不能重新使用上次的地址，则 DHCP Client 必须重新启动配置进程来请求一个新的地址；若 DHCP Client 在使用已知网络地址的同时，不能连接到 DHCP Server 上，则 DHCP Client 可以继续使用原来的地址，直到此地址的租期到期。

第 4 步：DHCP Client 可以通过向 DHCP Server 发送 DHCPRELEASE 消息的方式放弃正在使用并且租期未到期的网络地址。若 DHCP Client 移到不同的一个子网内，则 DHCP Client 也需要发送 DHCPRELEASE 消息。

8. DHCP 租期更新

租期是 DHCP Client 可以使用相应 IP 地址的有效时间，租期到期后，DHCP Client 必须放弃该 IP 地址的使用权然后重新申请。为了避免上述情况的发生，DHCP Client 必须在租期到期前重新申请延长该 IP 地址的使用期限。在 DHCP 中，租期的更新与以下两种状态密切相关。

（1）更新状态（Renewing）

当 DHCP Client 使用的 IP 地址的时间达到有效租期的 50%时，DHCP Client 将进入更新状态，我们将这个时间节点定义为 T_1，DHCP Client 将通过单播的方式向 DHCP Server 发送 DHCPREQUEST 消息，用来请求 DHCP Server 对有效租期进行更新，当 DHCP Server 收到该请求消息且检查无误后，会以单播的方式发送 DHCPACK 消息回应 DHCP Client，这样 DHCP Client 就对租期进行了更新，即重新拥有了完整的租期。

（2）重新绑定状态（Rebinding）

当 DHCP Client 所使用的 IP 地址的时间达到有效租期的 87.5%时，DHCP Client 将进入重新绑定状态，我们将这个时间节点定义为 T_2，达到这个状态的原因很有可能是在更新状态时，DHCP Client 没有收到 DHCP Server 回应的 DHCPACK 消息进而导致租期更新失败。这时 DHCP Client 将通过广播的方式向 DHCP Server 发送 DHCPREQUEST 消息，用来继续请求 DHCP Server 对它的有效租期进行更新，当 DHCP Server 收到该请求消息后，检查无误后会以单播的方式发送 DHCPACK 消息回应 DHCP Client，这样 DHCP Client 就对租期进行了更新，即重新拥有了完整的租期。

当 DHCP Client 同时处于更新状态和重新绑定状态时，若 DHCP Client 发送的 DHCPREQUEST 消息没有被 DHCP Server 端回应，则 DHCP Client 将在一定时间后重传 DHCPREQUEST 消息。在更新状态下，DHCP Client 将在$(T_2-T_1)/2$这个时间节点重传 DACPREQUEST 消息；在重新绑定状态下，DHCP Client 将在(租期$-T_2$)/2 这个时间节点重传 DHCPREQUEST 消息。若租期已经到期而 DHCP Client 仍未收到 DHCPACK 回应消息，则 DHCP Client 将被迫放弃拥有的 IP 地址，重新启动系统初始化进程。

9. DHCP Relay

当 DHCP Client 与 DHCP Server 不在同一个子网时，可以通过 DHCP Relay 技术实现局域网内的DHCP Client与其他子网的DHCP Server通信，最终获得合法的IP地址。这样，多个网络上的DHCP Client可以使用同一个DHCP Server，既节省成本又便于集中管理。DHCP Relay为不能通过路由器的DHCP广播消息提供转发功能，使得DHCP Server可以为不在其物理子网内的DHCP Client提供服务。

使用DHCP Relay进行IP地址申请的步骤与直接进行IP地址申请的步骤类似，只是中继路由器收到DHCP Client的请求消息后，将收到请求消息的接口地址并填入该消息中，然后进行单播转发。DHPC Server根据该接口的地址来确定分配给DHCP Client地址的网段，即分配的IP地址与DHCP Relay路由器收到请求消息的接口地址属于同一网段。

DHCP Client与DHCP Relay之间的消息从初始状态获取IP地址时，DHCPDISCOVER消息与DHCPREQUEST消息是以广播方式发送的；DHCPOFFER消息与DHCPACK消息根据请求消息中的广播标志位来决定发送方式，若请求标志位为广播，则DHCPOFFER消息与DHCPACK消息就是以广播方式发送的；否则就是以单播方式发送的。DHCP Relay与DHCP Server之间的消息均采用单播方式发送。

8.3 DHCP相关安全特性介绍

1. DHCP Relay地址合法性检查

为了防止未申请IP地址的非法用户上网，DHCP利用DHCP Relay的安全特性维护了一张IP地址和MAC地址的对应表。在用户通过DHCP Relay申请IP地址时，会增加记录表项。当在一个接口（交换机上是VLAN虚接口）上使用了DHCP Relay安全特性后，DHCP Relay就会按照所提供的这张表对IP地址和MAC地址匹配的合法性进行检查，若IP地址和MAC地址对应的关系在表中找不到匹配项，则相应的ARP消息将被丢弃。

为了满足合法、固定IP用户的上网需求，DHCP Relay的安全特性提供配置固定IP用户的功能，以保证固定IP用户可以上网。同时对固定IP用户进行保护，保证其在交换机的安全特性表的IP表项不被动态IP用户覆盖。当动态用户申请的IP地址与这些静态配置的IP用户有冲突时，动态用户要更换新的IP地址，此更换操作由DHCP Relay负责。

上述安全特性要求作为DHCP Relay的设备必须是相应子网的默认网关，否则该安全特性不会生效。

2. DHCP Snooping

出于安全性的考虑，网络管理员可能需要记录用户上网时所用的IP地址，确认用户从DHCP Server获取的IP地址和用户主机的MAC地址的对应关系。二层交换机可以通过DHCP Snooping（DHCP侦听）功能侦听DHCPREQUEST消息和DHCPACK消息，进而得到用户从DHCP Server获取的IP地址和用户MAC地址的信息。

另外，若在网络中存在私自架设的DHCP Server，则可能导致用户得到错误的IP地址。为了使用户能通过合法的DHCP Server获取IP地址，DHCP Snooping安全机制允许将端口设置为信任端口或不信任端口。信任端口连接DHCP Server或其他交换机的端口；不信任端口连接用户或网络。不信任端口将接收到的DHCP Server响应的DHCPACK信息和DHCPOFFER

消息丢弃；而信任端口将接收到的DHCP Server响应的DHCPACK消息和DHCPOFFER消息正常转发，只要用户把合法的DHCP Server连接在信任端口，那么就可以确保用户都是从合法的DHCP Server获得IP地址的。

8.4 配置 DHCP

DHCP技术中涉及的具体配置主要分为三部分，分别是DHCP Server配置、DHCP Relay配置及DHCP安全特性配置。

1. 使能DCHP

在进行DHCP配置前，需要先使能DHCP服务，只有启动了该服务，DHCP其他相关的配置才能生效。在系统视图下使用dhcp enable命令使能DHCP服务。

```
[Huawei] dhcp enable
```

2. 配置接口工作在本地DHCP Server全局地址池模式

当接口收到DHCP Client发来的DHCP消息时，可以配置在本地DHCP Server的全局地址池中分配地址。配置当前接口工作在DHCP Server全局地址池模式的命令如下。

```
[Huawei-GigabitEthernet0/0/1] dhcp select global
```

3. 配置接口工作在本地DHCP Server接口地址池模式

当接口接收到DHCP Client发来的DHCP消息时，可以配置在本地DHCP Server的接口地址池中分配地址。配置当前接口工作在本地DHCP Server接口地址池模式的命令如下。

```
[Huawei-GigabitEthernet0/0/1] dhcp select interface
```

4. 配置DHCP全局地址池

（1）创建DHCP地址池并进入DHCP地址池视图。

```
[Huawei] ip-pool pool-name
```

（2）配置动态分配的IP地址范围。

```
[Huawei-ip-pool-pool1] network ip-address [mask {mask-length | network- mask}]
```

（3）配置为DHCP Client分配的网关地址。

```
[Huawei-ip-pool-pool1] gateway-list ip-address
```

DHCP Server在给DHCP Client分配 IP地址的同时也将网关地址发送给DHCP Client，每个DHCP地址池都最多可以配置8个网关地址。

（4）配置为DHCP Client分配的DNS Server地址。

```
[Huawei-ip-pool-pool1] dns-list ip-address
```

为了使DHCP Client通过域名访问网站，DHCP Server应在为DHCP Client分配IP地址的同时指定DNS Server地址，每个DHCP地址池都最多可以配置8个DNS Server地址。

（5）配置DHCP地址池中不参与自动分配的IP地址。

```
[Huawei-ip-pool-pool1] excluded-ip-address start-ip-address [end-ip-address]
```

（6）配置动态分配的 IP 地址的租期。

```
[Huawei-ip-pool-pool1] lease {day day [hour hour[minute minute]] | unlimited}
```

（7）配置静态绑定的 IP 地址。

```
[Huawei-ip-pool-pool1] static-bind ip-address ip-address mac-address H-H-H
```

5. 配置接口工作在 DHCP Relay 模式

当接口接收到 DHCP Client 发来的 DHCP 消息时，可以配置接口将消息转发给外部 DHCP Server，由外部 DHCP Server 分配地址。为了提高可靠性，可以在一个网络中设置多个 DHCP Server。多个 DHCP Server 构成一个 DHCP Server 组。

（1）配置接口工作在 DHCP Relay 模式。

```
[Huawei-GigabitEthernet0/0/0] dhcp select relay
```

（2）配置接口与 DHCP Server 关联。

```
[Huawei-GigabitEthernet0/0/0] dhcp relay server-ip ip-address
```

（3）配置 DHCP Server 组。

```
[Huawei] dhcp server group group-name
```

（4）配置接口与 DHCP Server 组关联。

```
[Huawei-GigabitEthernet0/0/0] dhcp relay server-select group-name
```

6. DHCP Server 显示和维护

在完成上述配置后，在任意视图下执行 display 命令均可以显示配置后的 DHCP Server 的运行情况，通过查看显示信息验证配置效果。

（1）查看 DHCP Server 的统计信息。

```
<Huawei> display dhcp server statistics
```

（2）清除 DHCP Server 的统计信息。

```
<Huawei> reset dhcp server statistics
```

（3）显示 DHCP Server 组的相关信息。

```
<Huawei> display dhcp server group [group-name]
```

8.5 DHCP 典型配置举例

8.5.1 DHCP Server 配置

1. 组网需要

DHCP Server 配置的组网图如图 8-2 所示，RouterA 是公司网络出口路由器，具有使能 DHCP 的功能，同时创建三个全局地址池，为三个不同部门的计算机分配 IP 地址。

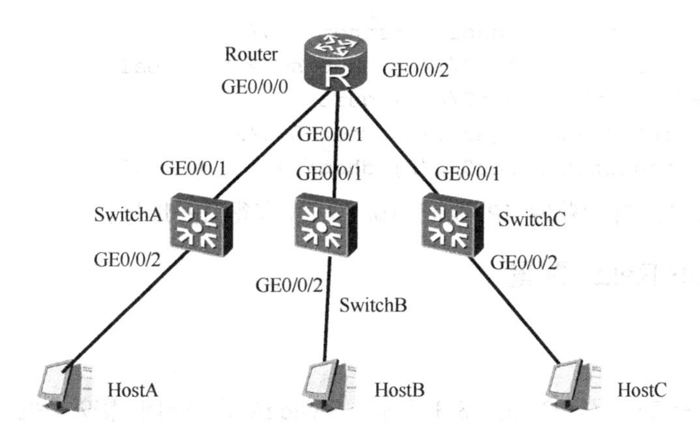

图 8-2　DHCP Server 配置的组网图

2．配置过程

（1）配置 Router 的接口 IP 地址。

```
<Huawei>system-view
[Huawei] interface GigabitEthernet 0/0/0
[Huawei-GigabitEthernet0/0/0] ip address 192.168.1.1 26
[Huawei] interface GigabitEthernet 0/0/1
[Huawei-GigabitEthernet0/0/1] ip address 192.168.1.65 26
[Huawei-GigabitEthernet0/0/1] quit
[Huawei] interface GigabitEthernet 0/0/2
[Huawei-GigabitEthernet0/0/2] ip address 192.168.1.129 26
[Huawei-GigabitEthernet0/0/2] quit
```

（2）开启 Router 的 DHCP 服务功能，并配置地址池。

```
[Huawei] dhcp enable
[Huawei] ip pool department1
[Huawei-ip-pool-department1] network 192.168.1.0 mask 26
[Huawei-ip-pool-department1] gateway-list 192.168.1.1
[Huawei-ip-pool-department1] quit
[Huawei] ip pool department2
[Huawei-ip-pool-department2] network 192.168.1.64 mask 26
[Huawei-ip-pool-department2] gateway-list 192.168.1.65
[Huawei-ip-pool-department2] quit
[Huawei] ip pool department3
[Huawei-ip-pool-department3] network 192.168.1.128 mask 26
[Huawei-ip-pool-department3] gateway-list 192.168.1.129
[Huawei-ip-pool-department3] quit
```

（3）在 LAN 接口上开启 DHCP 功能。

```
[Huawei] interface GigabitEthernet 0/0/0
[Huawei-GigabitEthernet0/0/0] dhcp select global
[Huawei-GigabitEthernet0/0/0] quit
```

```
[Huawei] interface GigabitEthernet 0/0/1
[Huawei-GigabitEthernet0/0/1] dhcp select global
[Huawei-GigabitEthernet0/0/1] quit
[Huawei] interface GigabitEthernet 0/0/2
[Huawei-GigabitEthernet0/0/2] dhcp select global
```

（4）配置计算机，自动获取 IP 地址确认主机能获得 IP 地址。

8.5.2 DHCP Relay 配置

1．组网需求

DHCP Relay 配置的组网图如图 8-3 所示，SwitchA 为公司汇聚交换机，在该交换机上配置 DHCP 全局地址池，接入交换机根据不同 VLAN 获取不同网段的 IP 地址。

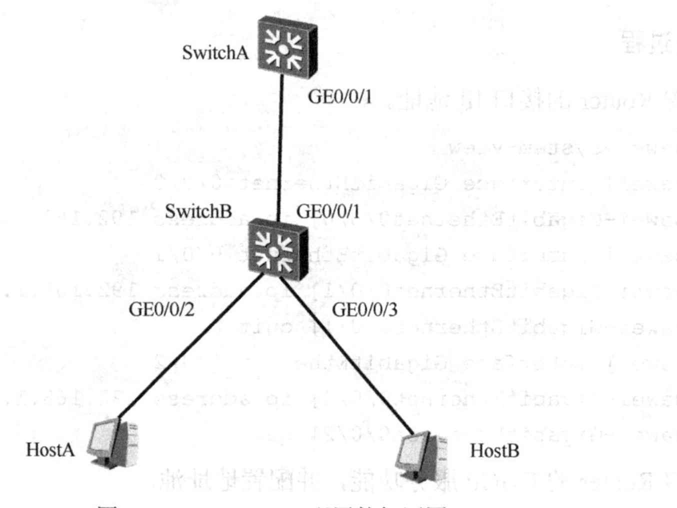

图 8-3 DHCP Relay 配置的组网图

2．配置过程

（1）配置 SwtichA

① 使能 DHCP。

```
<Huawei> system-view
[Huawei] sysname DHCP
[DHCP] dhcp enable
```

② 创建 VLAN，配置 IP 地址，并令 VLAN 接口下的客户端从全局地址池中获取 IP 地址。

```
[DHCP] vlan batch 10 20
[DHCP] interface Vlanif 10
[DHCP-Vlanif10] ip address 192.168.1.1 24
[DHCP-Vlanif10] dhcp select global
[DHCP-Vlanif10] q
[DHCP] interface Vlanif 20
[DHCP-Vlanif20] ip address  192.168.2.1 24
[DHCP-Vlanif20] dhcp select global
```

```
[DHCP-Vlanif20] q
```

③ 配置全局地址池。

```
[DHCP] ip pool 1
[DHCP-ip-pool-1] network 192.168.1.0 mask 24
[DHCP-ip-pool-1] gateway-list 192.168.1.1
[DHCP-ip-pool-1] lease day 1
[DHCP-ip-pool-1] q
[DHCP] ip pool 2
[DHCP-ip-pool-2] network 192.168.2.0 mask 24
[DHCP-ip-pool-2] gateway-list  192.168.2.1
[DHCP-ip-pool-2] lease day 1
[DHCP-ip-pool-2] q
```

④ 配置接口。

```
[DHCP] interface  GigabitEthernet  0/0/1
[DHCP-GigabitEthernet0/0/1] port link-type trunk
[DHCP-GigabitEthernet0/0/1] port trunk allow-pass vlan 10 20
[DHCP-GigabitEthernet0/0/1] q
```

（2）配置 SwitchB。

① 创建 DHCP Server 组，并为 DHCP Server 组添加 DHCP Server 对应网段的网关 IP 地址。

```
<Huawei> system-view
[Huawei] sysname Client
[Client] dhcp server group dhcp1
[Client-dhcp-server-group-dhcp1] dhcp-server 192.168.1.1
[Client-dhcp-server-group-dhcp1] q
 [Client] dhcp server group dhcp2
[Client-dhcp-server-group-dhcp2] dhcp-server 192.168.2.1
[Client-dhcp-server-group-dhcp2] q
```

② 创建 VLAN。

```
[Client] vlan batch 10 20
```

③ 使能全局 DHCP 功能。

```
[Client] dhcp enable
```

④ 开启 VLAN 中继功能并配置接口 IP，指定 DHCP Server。

```
[Client] interface Vlanif 10
[Client-Vlanif10] dhcp select relay
[Client-Vlanif10] ip address  192.168.1.2 24
[Client-Vlanif10] dhcp relay server-select  dhcp1
[Client-Vlanif10] q
[Client] interface  Vlanif  20
[Client-Vlanif20] dhcp select relay
[Client-Vlanif20] ip address 192.168.2.2 24
[Client-Vlanif20] dhcp relay server-select dhcp2
```

```
[Client-Vlanif20] q
```

⑤ 配置接口。

```
[Client] interface GigabitEthernet 0/0/1
[Client-GigabitEthernet0/0/1] port link-type trunk
[Client-GigabitEthernet0/0/1] port trunk allow-pass vlan 10 20
[Client-GigabitEthernet0/0/1] q
[Client] interface GigabitEthernet 0/0/2
[Client-GigabitEthernet0/0/2] port link-type access
[Client-GigabitEthernet0/0/2] port default vlan 10
[Client-GigabitEthernet0/0/2] q
[Client] interface  GigabitEthernet 0/0/3
[Client-GigabitEthernet0/0/3] port link-type access
[Client-GigabitEthernet0/0/3] port default vlan 20
[Client-GigabitEthernet0/0/3] q
```

第 9 章

PPP 与帧中继配置

9.1 PPP 和 MP 简介

9.1.1 PPP 简介

PPP(Point to Point Protocol)协议是在点到点链路上承载网络层数据包的一种链路层协议，由于它能够提供用户验证、易于扩充，并且支持同/异步通信，因此获得广泛应用。

PPP 定义了一整套协议，包括链路控制协议（Link Control Protocol，LCP）、网络层控制协议（Network Control Protocol，NCP）和验证协议（PAP 和 CHAP）等。LCP 主要用来建立、拆除和监控数据链路；NCP 主要用来协商在该数据链路上传输的数据包的格式与类型；PAP 和 CHAP 是网络安全方面的验证协议。

（1）PAP 验证。PAP 验证为两次握手验证，其口令为明文，PAP 验证的过程是被验证方发送用户名和口令到验证方，验证方根据本端用户表查看是否存在此用户及该口令是否正确，然后返回不同的响应。

（2）CHAP 验证。CHAP 验证为三次握手验证，其口令为密文，CHAP 验证过程如下。

验证方主动发起验证请求，向被验证方发送一个随机产生的报文（Challenge），并附带本端的用户名一起发送给被验证方，被验证方接到验证方的验证请求后，被验证方根据此报文中验证方的用户名和本端的用户表查找用户口令字。若找到用户表中与验证方用户名相同的用户，则利用 MD5 算法对报文 ID、此用户的密钥（口令字）和该随机报文进行加密，将生成的密文和自己的用户名发回给验证方；验证方利用自己保存的被验证方口令字和 MD5 算法对原随机报文加密，然后比较二者的密文，根据比较结果返回不同的响应。

PPP 运行流程图如图 9-1 所示，其运行过程如下。

（1）在开始建立 PPP 链路时，先进入到建立阶段。

（2）在建立阶段，PPP 链路进行 LCP 协商，协商内容包括工作方式（SP 或者 MP）、验证方式和最大传输单元等。LCP 在协商成功后进入开发状态，表示底层链路已经建立。

（3）若配置了验证环节（远端验证本地或者本地验证远端），则进入验证阶段，即开始 CHAP 验证或 PAP 验证。

（4）若验证失败则进入结束阶段，拆除链路，LCP 状态转为 Down；若验证成功，则进入网络协商阶段（NCP），此时 LCP 状态仍为开放状态，而 IPCP 状态从开始状态转到请求状态。

（5）NCP 协商支持 IPCP 协商，IPCP 协商主要包括双方的 IP 地址。通过 NCP 协商选择和配置一个网络层协议。只有相应的网络层协议协商成功后，该网络层协议才可以通过这条PPP链路发送报文。

（6）PPP链路将一直保持通信，直至有明确的LCP或NCP帧关闭这条链路，或发生了某些外部事件（如用户的干预）。

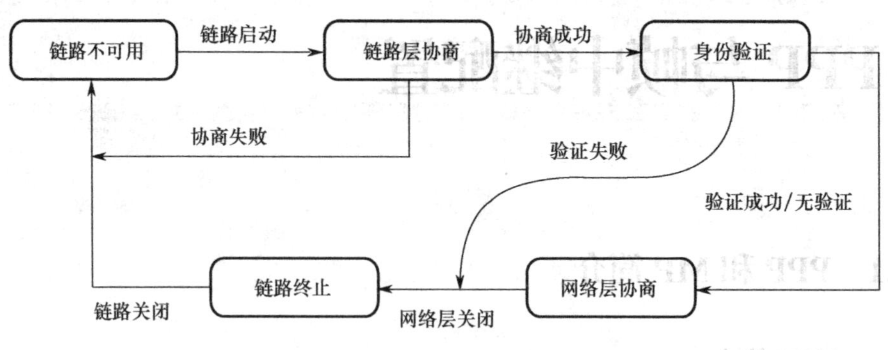

图9-1　PPP运行流程图

9.1.2　MP简介

为了增加带宽，可以将多个PPP链路捆绑使用，称为Multilink PPP，简称MP。MP会将包文分片（也可以不分片）后，将MP链路下的多个PPP通道发送到PPP对端，PPP对端将这些分片组装起来传递给网络层。

MP的作用主要包括以下几方面。

（1）增加带宽，结合DCC（拨号控制中心）可以动态增加或减小带宽。

（2）分担负载。

（3）备份链路。

（4）利用分片减小时延。

MP能在任何支持PPP封装的接口下工作，如串口、ISDN的BRI/PRI接口等，不包括PPPoX（PPPoE、PPPoA、PPPoFR等）这类的虚拟接口，建议用户尽可能将同一类的接口捆绑使用，但不要将不同类的接口捆绑使用。

9.2　PPP配置

1. 配置接口封装的链路层协议为PPP

在接口视图下进行以下配置。

```
[Router-Serial0/0/0] link-protocol ppp
```

接口默认封装的链路层协议即为PPP。

2. 配置轮询时间间隔

PPP、FR、HDLC 等链路层协议都使用轮询定时器来检测链路状态是否正常。在配置轮询时间间隔时，链路两端的轮询时间间隔要相同。

设置轮询时间间隔。

```
[Router-Serial0/0/0] timer hold seconds
```

禁止链路检测功能。

```
[Router-Serial0/0/0] undo timer hold
```

默认情况下，轮询时间间隔为 10s。若将轮询时间间隔设置为 0，则不进行链路有效性检测。若网络的延迟较大或阻塞程度较高，则适当加大轮询时间间隔，以减少网络震荡的发生。

3. 配置 PPP 验证方式、用户名及用户口令

（1）配置本地以 PAP 方式验证对端

① 配置本地验证对端。

```
[Router-Serial0/0/0] ppp authentication-mode pap [call-in]
```

② 进入 AAA 视图。

```
[Router] aaa
```

③ 创建本地用户，并设置密码。

```
[Router-aaa] local-user username password {simple | cipher} password
```

④ 设置本地用户的服务类型。

```
[Router-aaa] local-user username service-type ppp
```

⑤ 取消配置的 PPP 验证。

```
[Router-Serial0/0/0] undo ppp authentication-mode pap
```

注意：PPP 默认为不验证。配置 ppp authentication-mode pap 后，默认使用的 domain 是系统默认的域 system，认证方式是本地验证，必须使用在该域中配置的地址池。建议在物理接口和 Dialer 接口上都配置拨号接口的验证，这是因为当物理接口接收到 DCC 呼叫请求时，首先进行 PPP 协商并认证拨入用户的合法性，然后再将呼叫转交给上层协议进行处理。

（2）配置本地以 CHAP 方式验证对端

① 配置本地验证对端（方式为 CHAP）。

```
[Router-Serial0/0/0] ppp authentication-mode pap [call-in]
```

② 配置本地用户名称。

```
[Router-Serial0/0/0] ppp chap user username
```

③ 进入 AAA 视图。

```
[Router] aaa
```

④ 创建本地用户，并设置密码。

```
[Router-aaa] local-user username password {simple | cipher} password
```

⑤ 设置本地用户的服务类型。

```
[Router-aaa] local-user username service-type ppp
```

（3）配置对端以 PAP 方式验证本地

① 配置对端以 PAP 方式验证本地时发送的 PAP 用户名和口令。

```
[Router-Serial0/0/0] ppp pap local-user username password {simple | cipher}
password
```

② 删除对端以 PAP 方式验证本地时发送的用户名和口令。

```
[Router-Serial0/0/0] undo ppp pap local-user
```

默认情况下，对端以 PAP 方式验证本地时，本地路由器发送的用户名和口令均为空。

（4）配置对端以 CHAP 方式验证本地

① 配置本地用户名称。

```
[Router-Serial0/0/0] ppp chap user username
```

② 进入 AAA 视图。

```
[Router] aaa
```

③ 创建本地用户，并设置密码。

```
[Router-aaa] local-user username password {simple | cipher} password
```

④ 设置本地用户的服务类型。

```
[Router-aaa] local-user username service-type ppp
```

⑤ 设置默认的 CHAP 验证密码。

```
[Router-Serial0/0/0] ppp chap password {simple | cipher} password
```

当不配置本地用户和密码时使用以上默认密码。其中 simple 表示对 password 直接显示，cipher 表示对 password 加密显示。默认情况下，对端以 CHAP 方式验证本地时，本地路由器发送的用户名和口令均为空。

4. 配置 PPP 协商超时时间间隔

在 PPP 协商过程中，若在这个时间间隔内没有收到对端的应答报文，则 PPP 将会重新发送前一次已经发送的报文。超时时间间隔可选范围为 1～10s，默认值为 3s。

（1）配置 PPP 协商超时时间间隔。

```
[Router-Serial0/0/0] ppp timer negotiate seconds
```

（2）恢复 PPP 协商超时时间间隔的默认值。

```
[Router-Serial0/0/0] undo ppp timer negotiate
```

5. 配置 PPP 协商 IP 地址

（1）配置用户端

若接口封装了 PPP，并且本端接口还未配置 IP 地址而对端已有 IP 地址，则可以为本端接口配置 IP 地址可协商属性，使本端接口接受 PPP 协商产生的由对端分配的 IP 地址。该配置主要用于在通过 ISP（Internet Service Provider）访问互联网时，获得由 ISP 分配的 IP 地址。

设置接口 IP 地址可协商属性。

```
[Router-Serial0/0/0] ip address ppp-negotiate
```

取消接口 IP 地址可协商属性。

```
[Router-Serial0/0/0] undo ip address ppp-negotiate
```

注意：系统默认为不允许接口 IP 地址的协商。

（2）配置服务器端

若路由器作为服务器为对端设备分配 IP 地址，则有以下两种方法可以为 PPP 用户分配 IP 地址。

① 不配置地址池，在接口上直接给对方分配指定的 IP 地址。

为对端 PPP 用户分配 IP 地址。

```
[Router-Serial0/0/0] remote address ip-address
```

取消为对端 PPP 用户分配 IP 地址。

```
[Router-Serial0/0/0] undo remote address
```

注意：默认情况下，接口不给对端分配 IP 地址。

② 通过使用全局地址池给对端分配地址。首先在系统视图下定义全局地址池，然后在接口下通过 remote address pool 命令指定全局地址池号（仅能指定一个）。

定义全局 IP 地址池。

```
[Router] ip pool pool-name
[Router -ip-pool-p1] network ip-address mask mask
```

使用全局地址池给对端分配 IP 地址。

```
[Router-Serial0/0/0] remote address pool [pool- name]
```

注意：默认情况下，接口不分配 IP 地址给对端。当配置了 remote address pool，但没有指定 pool-number 时，默认使用 0 号全局地址池。

6. 配置 PPP 链路质量监测

PPP 链路质量监测可以实时对 PPP 链路（包括绑定在 MP 中的 PPP 链路）的质量进行监测。当链路的质量低于禁用链路质量百分比时，链路会被禁用；当链路质量恢复到禁用链路质量百分比时，链路会被自动重新启用。为了保证链路不会在禁用和恢复之间反复振荡，PPP 链路质量监测在重新启用链路时会有一定的时间延迟。

使能 PPP 链路质量监测功能。

```
[Router-Serial0/0/0] ppp lqc forbidden-percentage [resumptive-percentage]
```

禁用 PPP 链路质量监测功能。

```
[Router-Serial0/0/0] undo ppp lqc
```

默认情况下，参数 resumptive-percentage 等于 forbidden-percentage。

9.3 MP 的配置

MP 的配置主要有两种方式：一种是利用虚拟模板接口（Virtual-Template)；另一种是利用 MP-Group 接口。这两种配置方式的主要区别如下。

前者可以与验证相结合，并且可以根据对端的用户名找到指定的虚拟模板接口，从而利用模板上的配置创建相应的捆绑（Bundle)，以对应一条 MP 链路。由一个虚拟模板接口还可以派生出若干个捆绑（系统中用 VT 通道表示），每个捆绑都对应一条 MP 链路。从网络层来看，若干条 MP 链路会形成一个点对多点的网络拓扑，从这层意义上讲，虚拟模板接口比 MP-Group 接口更灵活。为区分虚拟模板接口派生的多个捆绑，需要指定捆绑方式，系统在虚拟模板接口视图下提供了命令 ppp mp binding-mode 来指定绑定方式，绑定方式有 authentication、both、descriptor 三种，默认方式是 both。根据验证用户名捆绑 authentication，根据终端描述符捆绑 descriptor（LCP 协商时，可以协商出这个选项值），both 是要同时参考这两个值。

利用 MP-group 接口配置 MP 与利用虚拟模板接口配置 MP 相比，前者简单许多，它是 MP 的专用接口，既不能支持其他应用，又不能利用对端的用户名来指定捆绑，同时也不能派生多个捆绑。但正因为该接口简单，所以它具有快速高效、配置简单、容易理解等特点。

1. 虚拟模板接口方式的配置

（1）虚拟模板接口方式的基本配置包括以下 5 个步骤。

① 创建虚拟模板接口。

② 将物理接口与虚拟模板接口关联。

③ 将用户名与虚拟模板接口关联。

④ 配置 PPP 接口工作在 MP 方式下。

⑤ 虚拟板接口下指定捆绑方式。

（2）虚拟模板接口方式的高级配置包括以下两个步骤。

① 配置 MP 最大捆绑链路数。

② 配置 MP 出报文进行分片的最小报文长度。

2. MP-Group 接口方式的配置

（1）创建和删除 MP-Group 接口。

（2）加入和退出 MP-Group 组。

以上两项配置没有严格的顺序要求，可以先创建 MP-Group 接口，也可以先将物理接口加入到 MP-Group 组中。

9.3.1 通过虚拟模板接口方式配置 MP

1. 创建虚拟模板接口

创建并进入 MP 虚拟模板接口。

```
[Router] interface virtual-template number
```

删除指定的 MP 虚拟模板接口。

```
[Router] undo interface virtual-template number
```

2. 将物理接口或用户名与虚拟模板接口关联

采用虚拟模板接口配置 MP 时，又可以分为以下两种情况。

一种情况是将物理接口与虚拟模板接口直接关联。通过命令 ppp mp virtual-template 直接将链路绑定到指定的虚拟模板接口上，这时可以配置验证也可以不配置验证。若不配置验证，则系统将通过对端/终端描述符捆绑出 MP 链路；若配置了验证，则系统将通过用户名和对端/终端描述符共同捆绑出 MP 链路。

另一种情况是将用户名与虚拟模板接口关联。根据验证通过后的用户名查找相关联的虚拟接口模板，然后根据用户名和对端/终端描述符捆绑出MP链路。这种方式需要在绑定的接口下配置PPP和MP及双向验证（CHAP或PAP），否则链路协商不通。

（1）将物理接口与虚拟模板接口直接关联。

配置接口所要绑定的虚拟模板接口。

```
[Router-Serial0/0/0] ppp mp virtual-template number
```

取消虚拟模板接口的MP绑定。

```
[Router-Serial0/0/0] undo ppp mp
```

这种捆绑方式可以在物理接口下配置PPP认证，也可以不配置PPP认证，PPP认证对MP连接的建立没有影响。

（2）将用户名与虚拟模板接口关联。

建立虚拟模板接口与MP用户的对应关系。

```
[Router] ppp mp user username bind virtual-template number
```

删除虚拟模板接口与MP用户的对应关系。

```
[Router] undo ppp mp user username
```

因为这种捆绑方式是通过用户名找到相应虚拟模板接口的，所以必须在物理接口下配置双向PPP认证，否则无法建立MP连接。另外，需要在接口视图下进行以下配置，使得该接口工作在MP方式下。

配置封装PPP的接口工作在MP方式下。

```
[Router-Serial0/0/0] ppp mp
```

配置封装PPP的接口工作在普通PPP方式下。

```
[Router-Serial0/0/0] undo ppp mp
```

默认情况下，封装PPP的接口工作在普通PPP方式下。

3. 虚拟模板接口下捆绑方式的指定

用户名是指PPP链路进行PAP或CHAP验证时所接收到的对端用户名；终端标识符是用来唯一标识一台路由器的标志，它是指进行LCP协商时所接收到的对端终端标识符。系统可以根据接口接收到的用户名或终端标识符来进行MP捆绑，以此来区分虚拟模板接口下的多个MP捆绑。

根据验证的用户名进行捆绑。

```
[Router-Virtual-Template1] ppp mp binding-mode authentication
```

根据终端标识符进行捆绑。

```
[Router-Virtual-Template1] ppp mp binding-mode descriptor
```

既根据用户名又根据终端标识符进行捆绑。

```
[Router-Virtual-Template1] ppp mp binding-mode both
```

恢复默认捆绑条件。

```
[Router-Virtual-Template1] undo ppp mp binding-mode
```

默认情况下，系统既根据用户名又根据终端标识符进行捆绑。

完成上述配置后，MP 基本配置已经完成。用户可以根据自己的实际需要对 MP 的其他可选参数进行配置。

4. 设置 MP 出报文进行分片的最小报文长度（可选）

设置 MP 出报文进行分片的最小报文长度。

```
[Router-Virtual-Template1] ppp mp min-fragment size
```

恢复该设置的默认值。

```
[Router-Virtual-Template1] undo ppp mp min-fragment
```

默认情况下，对 MP 报文进行分片的最小报文长度为 128 个字节。

9.3.2 通过 MP-Group 方式配置 MP

创建 MP-Group。

```
[Router] interface mp-group number
```

删除 MP-Group。

```
[Router] undo interface mp-group number
```

将接口加入指定的 MP-Group。

```
[Router-Serial0/0/0] ppp mp mp-group number
```

将接口从指定的 MP-Group 中删除。

```
[Router-Serial0/0/0] undo ppp mp mp-group number
```

9.4 PPP 与 MP 的典型配置举例

9.4.1 PAP 验证举例

1. 配置需求

PAP 与 CHAP 验证示例组网图如图 9-2 所示，RouterA 和 RouterB 之间通过接口 Serial3/0/0 连接，要求 RouterA 用 PAP 方式验证 RouterB。

2. 组网图

图 9-2 PAP 与 CHAP 验证示例组网图

3. 配置步骤

（1）配置 RouterA。

```
[Router] aaa
[RouterA-aaa] local-user RouterB password cipher Router
[RouterA-aaa] local-user RouterB service-type ppp
[Router] interface serial 3/0/0
[Router-Serial3/0/0] link-protocol ppp
[Router-Serial3/0/0] ppp authentication-mode pap
[Router-Serial3/0/0] ip address 200.1.1.1 16
```

（2）配置 RouterB。

```
[Router] interface serial 3/0/0
[Router-Serial3/0/0] link-protocol ppp
[Router-Serial3/0/0] ppp pap local-user RouterB password cipher Router
[Router-Serial3/0/0] ip address 200.1.1.2 16
```

9.4.2 CHAP 验证举例

1. 配置需求

在图 9-2 中，要求 RouterA 用 CHAP 方式验证 RouterB。

2. 配置步骤

方法一（两台路由器上存在密码一致的用户）：

（1）配置 RouterA。

```
[Router] aaa
[RouterA-aaa] local-user RouterB password cipher hello
[RouterA-aaa] local-user RouterB service-type ppp
[Router] interface serial 3/0/0
[Router-Serial3/0/0] link-protocol ppp
[Router-Serial3/0/0] ppp chap user RouterA
[Router-Serial3/0/0] ppp authentication-mode chap
[Router-Serial3/0/0] ip address 200.1.1.1 24
```

（2）配置 RouterB。

```
[Router] aaa
[RouterA-aaa] local-user RouterA password cipher hello
[RouterA-aaa] local-user RouterA service-type ppp
[Router] interface serial 3/0/0
[Router-Serial3/0/0] link-protocol ppp
[Router-Serial3/0/0] ppp chap user RouterB
[Router-Serial3/0/0] ip address 200.1.1.2 24
```

方法二（两台路由器上存在密码不一致的用户）：

（1）配置 RouterA。

```
[Router] aaa
[RouterA-aaa] local-user RouterB password cipher hello
[RouterA-aaa] local-user RouterB service-type ppp
[Router] interface serial 3/0/0
[Router-Serial3/0/0] ppp authentication-mode chap
[Router-Serial3/0/0] ip address 200.1.1.1 24
```

（2）配置 RouterB。

```
[Router] interface serial 3/0/0
[Router-Serial3/0/0] ppp chap user RouterB
[Router-Serial3/0/0] ppp chap password cipher hello
[Router-Serial3/0/0] ip address 200.1.1.2 24
```

9.4.3　MP 配置举例

1. 配置需求

MP 配置示列组网图如图 9-3 所示，在 RouterA 的 E1 口上有两个 B 信道绑定到 RouterB 的 B 信道上，另外两个 B 信道绑定到 RouterC 上，采用验证绑定方式。假定 RouterA 上的 4 个 B 信道的接口分别为：Serial2/0/0:1、Serial2/0/0:2、Serial2/0/0:3、Serial2/0/0:4，RouterB 上的两个 B 信道的接口分别为：Serial2/0/0:1、Serial2/0/0:2，RouterC 上的两个 B 信道的接口分别为：Serial2/0/0:1、Serial2/0/0:2。

2. 组网图

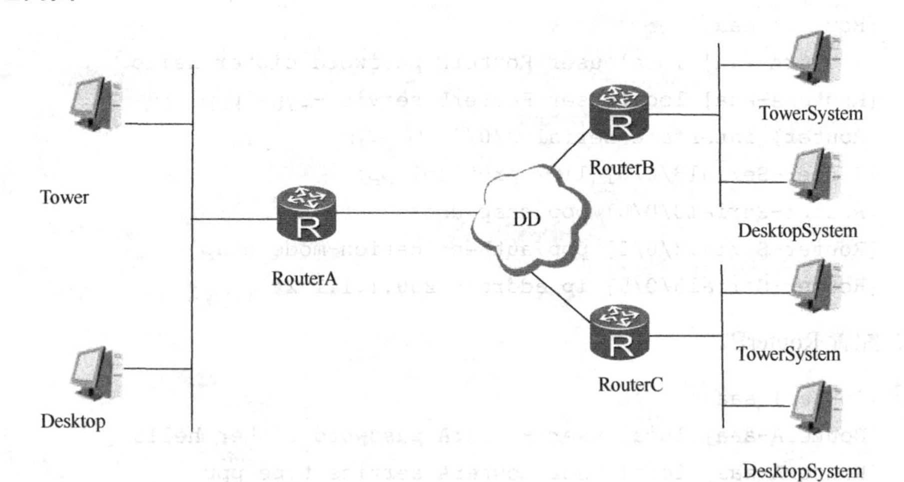

图 9-3　MP 配置示例组网图

3. 配置步骤

（1）配置 RouterA。

```
[router-a] aaa
[router-a-aaa] local-user router-b password cipher router-b
[router-a] aaa
```

```
[router-a-aaa] local-user router-c password cipher router-c
[router-a] ppp mp user router-b bind virtual-template 1
[router-a] ppp mp user router-c bind virtual-template 2
[router-a] interface virtual-template 1
[router-a-virtual-template1] ip address 202.38.166.1 255.255.255.0
[router-a] interface virtual-template 2
[router-a-virtual-template2] ip address 202.38.168.1 255.255.255.0
# 将接口 Serial2/0/0:1、Serial2/0/0:2、Serial2/0/0:3、Serial2/0/0:4 加入到
MP 通道中，我们以 Serial2/0/0:1 为例，其他接口进行同样的配置
[router-a] interface serial 2/0/0:1
[router-a-Serial2/0/0:1] link-protocol ppp
[router-a-Serial2/0/0:1] ppp mp
[router-a-Serial2/0/0:1] ppp authentication-mode pap domain system
[router-a-Serial2/0/0:1] ppp pap local-user router-a password simple router-a
```

（2）配置 RouterB。

```
[router-b] aaa
[router-b-aaa] local-user router-a password cipher router-a
[router-b] ppp mp user router-a bind virtual-template 1
[router-b] interface virtual-template 1
[router-b-Virtual-Template1] ip address 202.38.166.2 255.255.255.0
[router-b] interface serial 2/0/0:1
[router-b-Serial2/0/0:1] ppp mp
[router-b-Serial2/0/0:1] ppp authentication-mode pap domain system
[router-b-Serial2/0/0:1] ppp pap local-user router-b password simple
router-b
```

（3）配置 RouterC。

```
# 为 RouterA 增加一个用户
[router-c] aaa
[router-c-aaa] local-user router-a password cipher router-a
# 为这个用户指定虚拟模板接口，将使用该接口的 NCP 信息进行 PPP 协商
[router-c] ppp mp user router-a bind virtual-template 1
# 配置虚拟模板接口的工作参数
[router-c] interface virtual-template 1
[router-c-Virtual-Template1] ip address 202.38.168.2 255.255.255.0
# 将接口 Serial2/0/0:1、Serial2/0/0:2 加入到 MP 通道中，以 Serial2/0/0:1 为例，
其他接口进行同样的配置
[router-c] interface serial 2/0/0:1
[router-c-Serial2/0/0:1] ppp mp
[router-c-Serial2/0/0:1] ppp authentication-mode pap domain system
[router-c-Serial2/0/0:1] ppp pap local-user router-c password simple
router-c
```

9.5 HDLC 协议配置

高级数据链路控制（High-Level Data Link Control，HDLC）是一种面向比特的链路层协议，其最大特点是不需要规定数据类型必须是字符集，对任何一种比特流均可以实现透明传输。标准 HDLC 协议族中的协议都运行在同步串行线路上，如 DDN。HDLC 的地址字段长度为 8 个字节，控制字段长度为 1 个字节，控制字段用来实现 HDLC 协议的各种控制信息，并标识是否为数据类型。

HDLC 协议配置比较简单，只需两条配置命令即可，HDLC 协议配置包括配置接口封装 HDLC 协议、设置轮询时间间隔。

1. 配置接口封装 HDLC 协议

配置接口封装 HDLC 协议的命令如下。

```
[Router-Serial0/0/0] link-protocol hdlc
```

默认情况下，接口封装的是 PPP 协议。

2. 设置轮询时间间隔

设置轮询时间间隔的命令如下。

```
[Router-Serial0/0/0] timer hold seconds
```

该命令中的 seconds 参数，用于设定状态轮询定时器的轮询时间间隔，链路两端设备 seconds 应设为相同的值，取值范围为 0～32767s，默认值为 10s。

禁止链路检测功能。

```
[Router-Serial0/0/0] undo timer hold
```

默认情况下，seconds 值为 10s。

9.6 帧中继协议介绍

帧中继协议是一种简化的 X.25 广域网协议。帧中继网提供了用户设备（如路由器和主机等）之间进行数据通信的能力，用户设备称为数据终端设备（DTE）；为用户设备提供接入的设备，属于网络设备，称为数据电路终接设备（DCE）。帧中继网络既可以是公用网络或者是某个企业的私有网络，又可以是数据设备之间直接连接构成的网络。

帧中继协议是一种统计复用的协议，它在单一物理传输线路上能够提供多条虚电路。每条虚电路都用 DLCI（数据链路连接标识，Data Link Connection Identifier）标识，DLCI 只在本地接口和与其直接相连的对端接口上有效，不具有全局有效性，即在帧中继网络中，不同的物理接口上相同的 DLCI 并不表示同一个虚连接。帧中继网络用户接口上最多可支持 1024 条虚电路，其中用户可用的 DLCI 范围是 16～1007。由于帧中继虚电路是面向连接的，即本地不同的 DLCI 连接到不同的对端设备，因此可以认为本地 DLCI 就是对端设备的帧中继地址。

帧中继地址映射是把对端设备的协议地址与对端设备的帧中继地址（本地的 DLCI）关联起来，以便高层协议能通过对端设备的协议地址寻址到对端设备。帧中继主要可以用来承载 IP 协议和 IPX 协议，在发送 IP 报文或 IPX 报文时，由于路由表只知道报文的下一跳地址，因此发送前必须由该地址确定它对应的 DLCI。这个过程可以通过查找帧中继地址映射表来完成，这是因为地址映射表中存放的是对端 IP 地址或 IPX 地址和下一跳的 DLCI 映射关系。地址映射表既可以手动配置，又可以由 Inverse ARP 协议动态维护。如图 9-4 所示，通过帧中继网络实现局域网互联。

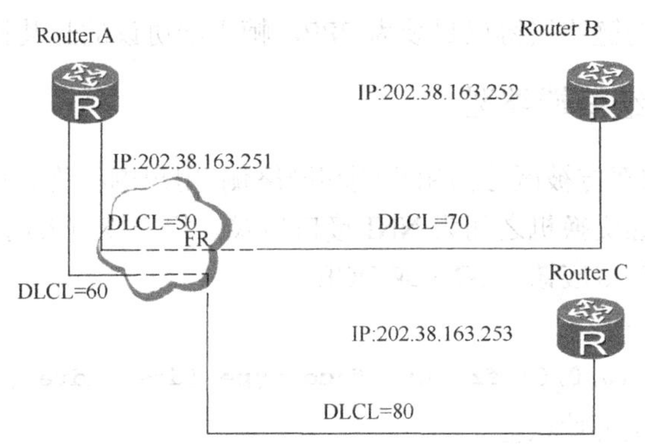

图 9-4　通过帧中继网络实现局域网互联

根据虚电路建立的不同方式，可以将虚电路分为两种类型：永久虚电路和交换虚电路。手动配置产生的虚电路称为永久虚电路；通过协议协商产生的虚电路称为交换虚电路，这种虚电路由协议自动创建和删除。目前在帧中继中使用最多的方式是永久虚电路方式，即手动配置虚电路方式。

在永久虚电路方式下，需要检测虚电路是否可用。本地管理接口（LMI）协议用于检测虚电路是否可用。系统支持三种本地管理接口协议，包括 ITU-T 的 Q.933 附录 A、ANSI 的 T1.617 附录 D 及非标准兼容协议。它们的基本工作方式都是 DTE 设备每隔一定时间发送一个状态请求（Status Enquiry）报文去查询虚电路的状态，DCE 设备收到状态请求报文后，立即用状态（Status）报文通知 DTE 当前接口上所有虚电路的状态。

对于 DTE 侧设备，永久虚电路的状态由 DCE 侧设备决定。对于 DCE 侧设备，永久虚电路的状态由网络决定。在两台网络设备直接连接的情况下，DCE 侧设备的虚电路状态是由设备管理员配置的。在系统中，虚电路的个数和状态是在配置地址映射的同时配置的，也可以用 `fr dlci` 命令配置。

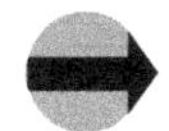 9.7　帧中继配置

帧中继配置包括以下几个方面。

（1）配置接口封装为帧中继。

（2）配置帧中继终端类型。

（3）配置帧中继 LMI 协议类型。

（4）配置帧中继协议参数。

（5）配置帧中继地址映射。

（6）配置帧中继本地虚电路。

（7）配置帧中继 PVC 交换。

（8）配置帧中继子接口。

9.7.1 配置接口封装为帧中继

配置接口封装为帧中继的命令如下。

```
[Router-Serial0/0/0] link-protocol fr [nonstandard | ietf]
```

默认情况下，接口的链路层协议封装为 PPP，帧中继协议的封装标准为 ietf 格式。

9.7.2 配置帧中继终端类型

在帧中继中,通信的双方被区分为用户侧和网络侧。用户侧称为DTE,而网络侧称为DCE。在帧中继网络中，帧中继交换机之间为 NNI 接口格式，相应接口采用 NNI，若把设备用作帧中继交换，帧中继接口类型应该为 NNI 或 DCE。

配置帧中继接口类型。

```
[Router-Serial0/0/0] fr interface-type {dce | dte | nni}
```

恢复帧中继接口类型为默认值。

```
[Router-Serial0/0/0] undo fr interface-type
```

默认情况下，帧中继接口类型为 DTE。

9.7.3 配置帧中继 LMI 类型

LMI 协议用于维护帧中继协议的 PVC 表，包括通知 PVC 的增加、探测 PVC 的删除、监控 PVC 状态的变更及验证链路的完整性。系统支持三种标准 LMI 协议类型：ITU-T 的 Q.933 附录 A、ANSI 的 T1.617 附录 D 及非标准兼容协议。

配置帧中继 LMI 协议类型。

```
[Router-Serial0/0/0] fr lmi type {ansi | nonstandard | q933a}
```

恢复默认 LMI 协议类型。

```
[Router-Serial0/0/0] undo fr lmi type
```

接口默认 LMI 协议类型为 q933a。

9.7.4 配置帧中继协议参数

帧中继协议参数及其配置分别如表 9-1 和表 9-2 所示。

表 9-1 帧中继协议参数

工作方式	参数含义	取值范围	默认值
DTE	请求 PVC 状态的计数器（N391）	1～255	6
	错误门限（N392）	1～10	3
	事件计数器（N393）	1～10	4
	用户侧轮询定时器（T391），当为 0 时，表示禁止 LMI 协议	0～32767（单位：s）	10（单位：s）
DCE	错误门限（N392）	1～10	3
	事件计数器（N393）	1～10	4
	网络侧轮询定时器（T392）	5～30（单位：s）	15（单位：s）

表 9-2 帧中继协议参数的配置

操 作	命 令
配置用户侧 N391	**fr lmi n391dte** *n391-value*
恢复用户侧 N391 为默认值	**undo fr lmi n391dte**
配置用户侧 N392	**fr lmi n392dte** *n392-value*
恢复用户侧 N392 为默认值	**undo fr lmi n392dte**
配置用户侧 N393	**fr lmi n393dte** *n393-value*
恢复用户侧 N393 为默认值	**undo fr lmi n393dte**
配置用户侧 T391	**timer hold** *seconds t391-value*
恢复用户侧 T391 默认值	**undo timer hold t391dte**
配置网络侧 N392	**fr lmi n392dce** *n392-value*
恢复网络侧 N392 为默认值	**undo fr lmi n392dce**
配置网络侧 N393	**fr lmi n393dce** *n393-value*
恢复网络侧 N393 为默认值	**undo fr lmi n393dce**
配置网络侧 T392	**fr lmi t392dce** *t392-value*
恢复网络侧 T392 为默认值	**undo fr lmi t392dce**

与 DTE 工作方式相关参数的说明如下。

N391：DTE 设备每隔一定的时间间隔（由 T391 决定）发送一个状态请求报文。状态请求报文分为两种类型：链路完整性验证报文和链路状态查询报文。参数 N391 用来定义两种报文的发送比例，即链路完整性验证报文数∶链路状态查询报文数=(N391−1)∶1。

N392：表示在被观察的事件总数中发生错误的门限。

N393：表示被观察的事件总数。

DTE 设备每隔一定的时间间隔(由 T391 决定)都发送一个状态请求报文去查询链路状态，DCE 设备收到该报文后立即发送状态响应报文。若 DTE 设备在规定的时间内没有收到响应，则记录该错误。若错误次数超过门限，则 DTE 设备就认为物理通路不可用，即所有虚电路都不可用。N392 与 N393 两个参数共同定义了错误门限。即若在 DTE 设备发送 N393 个状态请求报文中，发生错误数达到 N392，则 DTE 设备就认为错误次数达到门限，并认为物理通路不可用，即所有的虚电路都不可用。

T391：时间变量，它定义了 DTE 设备发送状态请求报文的时间间隔。

与 DCE 工作方式相关的参数说明如下。

N392、N393 这两个参数与在 DTE 工作方式下的 N392、N393 这两个参数的意义相似，区别在于 DCE 设备要求 DTE 设备发送状态请求报文的固定时间间隔由 T392 决定，若 DCE 在 T392 时间内没有收到 DTE 的 Status-requiry 报文，则记录错误数。

T392：时间变量，它定义了 DCE 设备等待一个状态请求报文的最长时间，该值应比 T391 的值大。

在接口视图下进行以下配置：默认情况下，n391-value 的值为 6，n392-value 的值为 3，n393-value 的值为 4，t391-value 的值为 10，t392-value 的值为 15。

9.7.5 配置帧中继地址映射

地址映射可以静态配置或动态建立。静态配置（手动建立）对端协议地址与本地 DLCI 的映射关系，一般用于对端主机较少或有默认路由的情况。动态建立是在运行了逆向地址解析协议（Inverse ARP）后，动态地建立对端协议地址与本地 DLCI 的映射关系。动态建立既适用于对端路由器又支持逆向地址解析协议且网络较复杂的情形。

1. 配置帧中继静态地址映射

增加一条静态地址映射。

```
[Router-Serial0/0/0] frmap ip {ipl-address [ip-mask] | default} dlci [broadcast] [nonstandard [compression iphc connections number] | ietf [compression [frf9| iphc]]]
```

增加一条静态 IPX 地址映射。

```
[Router-Serial0/0/0] fr map ipx protocol-address dlci [broadcast] [nonst-andardd|ietf] [compression frf9]
```

删除一条静态地址映射。

```
[Router-Serial0/0/0] undo fr map ip {protocol-address | default} dlci
```

删除一条静态 IPX 地址映射。

```
[Router-Serial0/0/0] undo fr map ipx protocol-address dlci
```

默认情况下，系统没有静态地址映射，而且允许逆向地址解析。

2. 配置帧中继动态地址映射

允许动态地址映射。

```
[Router-Serial0/0/0] fr inarp [ip [dlci]| ipx [dlci]]
```

禁止动态地址映射。

```
[Router-Serial0/0/0] undo fr inarp [ip [dlci] | ipx [dlci]]
```

默认情况下，系统允许对 IP 协议和 IPX 协议进行逆向地址解析。

9.7.6 配置帧中继本地虚电路

为接口分配虚电路。

```
[Router-Serial0/0/0] fr dlci dlci
```

取消为接口分配虚电路。

```
[Router-Serial0/0/0] undo fr dlci dlci
```

默认情况下，系统没有本地可用的虚电路。

9.7.7 配置帧中继交换

1. 使能帧中继交换功能

允许帧中继 PVC 交换。

```
[Router-Serial0/0/0] fr switching
```

禁止帧中继 PVC 交换。

```
[Router-Serial0/0/0] undo fr switching
```

设置负责帧中继交换功能的帧中继接口类型。

```
[Router-Serial0/0/0] fr interface-type {dce | dte | nni}
```

默认情况下，系统不进行帧中继交换，帧中继接口类型为 DTE。

2. 在接口下配置用于帧中继交换的静态路由

配置用于帧中继交换的静态路由。

```
[Router-Serial0/0/0] fr dlci-switch in-dlci interface interface-type
interface-number dlci out-dlci
```

删除用于帧中继交换的静态路由。

```
[Router-Serial0/0/0] undo fr dlci-switch in-dlci
```

命令 `fr dlci-switch` 只有在用于帧中继交换的两个接口上都进行配置时，PVC 交换才会起作用。

3. 在全局下配置用于帧中继交换的 PVC

配置用于帧中继交换的 PVC。

```
[Router] fr switch name interface interface-type interface-number dlci dlci1
interface interface-type interface-number dlci dlci2
```

删除用于帧中继交换的 PVC。

```
[Router] undo fr switch name
```

默认情况下，没有创建帧中继交换 PVC。配置帧中继交换 PVC 后会进入帧中继交换视图，在该视图下可以对交换 PVC 进行 `shutdown` 或 `undo shutdown` 操作，通过控制 PVC 的状态来影响路由表。

9.7.8 配置帧中继子接口

帧中继模块有两种类型的接口：主接口和子接口。其中子接口是一个逻辑结构，可以配置协议地址和虚电路 PVC 等，一个物理接口可以有多个子接口。虽然子接口是逻辑结构，并不是实际存在的，但对于网络层而言，子接口和主接口是没有区别的，都可以配置 PVC 与远端设备相连。

帧中继的子接口又可以分为两种类型：点到点（Point-to-Point）子接口和点到多点（Multipoint）子接口。点到点子接口用于连接单个远端目标，点到多点子接口用于连接多个远端目标。点到多点子接口在一个子接口上配置多条 PVC，每条 PVC 都与它相连的远端协议地址建立一个 MAP（地址映射），这样不同的 PVC 就可以到达不同的远端而不会混淆。MAP 的建立既可以利用手动配置的方法，又可以利用 INARP 协议动态建立的方法。与点到多点子接口不同的是点到点子接口用来解决简单的问题，即一个子接口只连接一个对端设备，在子接口上只需要配置一条 PVC，并且不用配置 MAP 就可以唯一地确定对端设备。

子接口配置任务列表有以下两种。

（1）创建子接口

进入接口视图。

```
[Router] interface serial interface-number
```

配置接口封装为帧中继。

```
[Router-Serial0/0/1] link-protocol fr
```

创建子接口。

```
[Router] interface serial interface-number.subinterface-number [p2p | p2mp]
```

默认情况下，接口的链路层协议封装为PPP。

（2）配置子接口PVC及建立地址映射

对点到点子接口而言，因为只有唯一的对端地址，所以在给子接口配置一条PVC时实际已经隐含地确定了对端地址，不必配置动态或静态地址映射。

配置一条虚电路。

```
[Router-Serial0/0/1.1] fr dlci dlci
```

取消配置的虚电路。

```
[Router-Serial0/0/1.1] undo fr dlci
```

对点到多点子接口而言，对端地址与本地 DLCI 映射可以通过配置静态地址映射或者通过逆向地址解析协议来确定（INARP在主接口上配置即可）。

若要建立静态地址映射，则应对每条PVC均按如下命令建立静态地址映射。

```
[Router-Serial0/0/1.1] fr map ip {protocol-address [ip-mask] | default}
dlci dlci [broadcast] [nonstandard | ietf]
```

默认情况下，系统没有静态地址映射，而且允许逆向地址解析。

9.8 帧中继的显示和调试

在完成上述配置后，在所有视图下执行 display 命令均可以显示帧中继配置后的运行情况，通过查看显示信息验证配置的效果。执行 reset 命令可以删除该运行情况。帧中继的显示和调试如表9-3所示。

表9-3 帧中继的显示和调试

操 作	命 令
显示各接口的帧中继协议状态	**display fr interface** *interface-type interface-num*
显示协议地址与帧中继地址映射表	**display fr map-info** [**interface** *interface-type interface-num*]
显示帧中继LMI类型报文的收/发统计	**display fr lmi-info** [**interface** *interface-type interface-num*]
显示帧中继数据收/发统计信息	**display fr statistics** [**interface** *interface-type interface-num*]
显示帧中继永久虚电路表	**display fr pvc-info** [**interface** *interface-type interface-num*]
清除所有自动建立的帧中继地址映射	**Reset fr inarp**
查看配置的帧中继交换的信息	**display fr dlci-switch** [**interface** *interface-type interface-num*]
使能所有的帧中继调试功能	**debugging fr all** [**interface** *interface-type interface-number*]
禁止所有的帧中继调试功能	**undo debugging fr all** [**interface** *interface-type interface-number*]

（续表）

操　作	命　令
使能帧中继事件调试功能	**debugging fr event**
禁止帧中继事件调试功能	**undo debugging fr event**
使能帧中继 LMI 协议调试功能	**debugging fr lmi** [**interface** *interface-type interface-number*]
禁止帧中继 LMI 协议调试功能	**undo debugging fr lmi** [**interface** *interface-type interface-number*]

9.9　帧中继配置举例

9.9.1　通过帧中继网络互连局域网

1. 组网需求

在公用帧中继网络互连局域网这种方式下，路由器只能作为用户设备工作在帧中继的 DTE 方式下。

2. 组网图

通过帧中继网络互连局域网如图 9-5 所示。

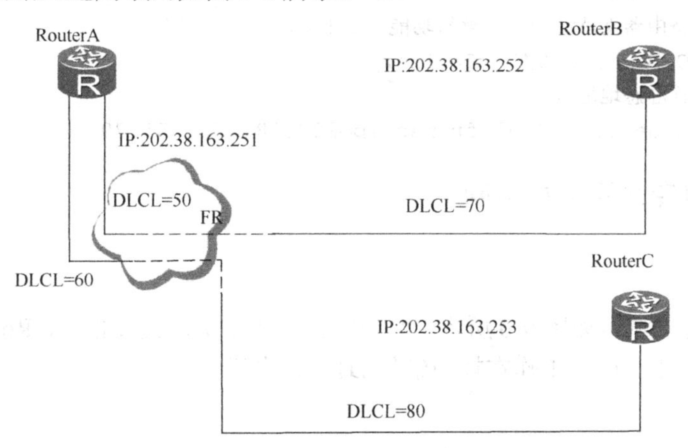

图 9-5　通过帧中继网络互连局域网

3. 配置步骤

（1）配置 RouterA。

```
# 配置接口 IP 地址
[RouterA] interface serial 1/0/0
[RouterA-Serial1/0/0] ip address 202.38.163.251 255.255.255.0
# 配置接口封装为帧中继
[RouterA-Serial1/0/0] link-protocol fr
[RouterA-Serial1/0/0] fr interface-type dte
# 若对端路由器支持逆向地址解析功能，则配置动态地址映射
[RouterA-Serial1/0/0] fr inarp
# 否则配置静态地址映射
[RouterA-Serial1/0/0] fr map ip 202.38.163.252 50
[RouterA-Serial1/0/0] fr map ip 202.38.163.253 60
```

（2）配置 RouterB。

```
# 配置接口 IP 地址
[RouterB] interface serial 1/0/0
[RouterB-Serial1/0/0] ip address 202.38.163.252 255.255.255.0
# 配置接口封装为帧中继
[RouterB-Serial1/0/0] link-protocol fr
[RouterB-Serial1/0/0] fr interface-type dte
# 若对端路由器支持逆向地址解析功能，则配置动态地址映射
[RouterB-Serial1/0/0] fr inarp
# 否则配置静态地址映射。
[RouterB-Serial1/0/0] fr map ip 202.38.163.251 70
```

（3）配置 RouterC。

```
# 配置接口 IP 地址
[RouterC] interface serial 1/0/0
[RouterC-Serial1/0/0] ip address 202.38.163.253 255.255.255.0
# 配置接口封装为帧中继
[RouterC-Serial1/0/0] link-protocol fr
[RouterC-Serial1/0/0] fr interface-type dte
# 若对端路由器支持逆向地址解析功能，则配置动态地址映射
[RouterC-Serial1/0/0] fr inarp
# 否则配置静态地址映射
[RouterC-Serial1/0/0] fr map ip 202.38.163.251 80
```

9.9.2 通过专线互连局域网

1. 组网需求

通过专线互连局域网如图 9-6 所示。两台路由器通过串口直接相连，RouterA 工作在帧中继的 DCE 方式下，RouterB 工作在帧中继的 DTE 方式下。

2. 组网图

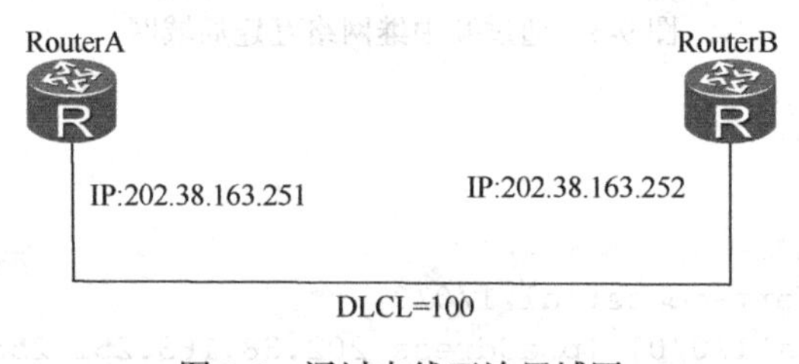

图 9-6 通过专线互连局域网

3. 配置步骤

方法一：主接口方式。

（1）配置 RouterA。

```
# 配置接口 IP 地址
[Router] interface serial 1/0/0
```

```
[Router-Serial1/0/0] ip address 202.38.163.251 255.255.255.0
# 配置接口的链路层协议为帧中继
[Router-Serial1/0/0] link-protocol fr
[Router-Serial1/0/0] fr interface-type dce
# 配置本地虚电路
[Router-Serial1/0/0] fr dlci 100
```

（2）配置 RouterB。

```
# 配置接口 IP 地址
[Router] interface serial 1/0/0
[Router-Serial1/0/0]ip address 202.38.163.252 255.255.255.0
# 配置接口的链路层协议为帧中继
[Router-Serial1/0/0] link-protocol fr
[Router-Serial1/0/0] fr interface-type dte
```

方法二：子接口方式。

（1）配置 RouterA。

```
# 配置接口的链路层协议为帧中继，接口类型为 DCE
[RouterA] interface serial 1/0/0
[RouterA-Serial1/0/0] link-protocol fr
[RouterA-Serial1/0/0] fr interface-type dce
[RouterA-Serial1/0/0] quit
# 配置子接口 IP 地址及本地虚电路
[RouterA] interface serial1/0/0.1
[RouterA-Serial1/0/0.1] ip address 202.38.163.251 255.255.255.0
[RouterA-Serial1/0/0.1] fr dlci 100
```

（2）配置 RouterB。

```
# 配置接口的链路层协议为帧中继，接口类型为默认的 DTE
[RouterB] interface serial 1/0/0
[RouterB-Serial1/0/0] link-protocol fr
[RouterB-Serial1/0/0] quit
# 配置子接口 IP 地址及本地虚电路
[RouterB] interface serial1/0/0.1
[RouterB-Serial1/0/0.1] ip address 202.38.163.252 255.255.255.0
[RouterB-Serial1/0/0.1] fr dlci 100
```

第 10 章

VRRP 配置

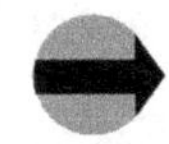

10.1 VRRP 简介

VRRP（Virtual Router Redundancy Protocol，虚拟路由冗余协议）是一种容错协议。通常，一个网络内的所有主机都设置一条默认路由（见图 10-1 中的 10.100.10.1），这样主机发出的目的地址不在本网段的报文将通过默认路由发往 RouterA，进而实现了主机与外部网络的通信。当 RouterA 发生故障时，本网段内所有以 RouterA 为默认路由由下一跳的主机都将断掉与外部的通信。局域网组网方案如图 10-1 所示。

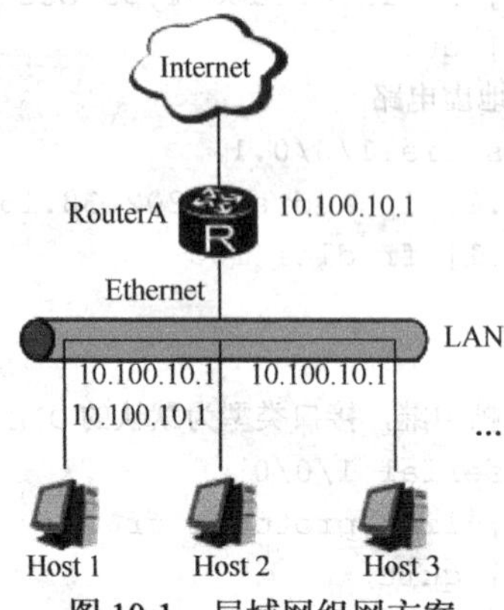

图 10-1 局域网组网方案

VRRP 就是为解决上述问题而提出的，它为具有多播或广播能力的局域网（如以太网）设计。我们结合图 10-2 来看一下 VRRP 的实现原理。VRRP 将局域网的一组路由器（包括一个 Master 路由器（活动路由器）和若干个 Backup 路由器（备份路由器）组织成一个虚拟路由器，称为一个备份组。

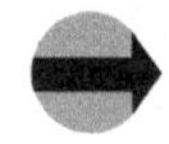

10.2 VRRP 协议介绍

10.2.1 相关术语

虚拟路由器：由一个 Master 路由器和多个 Backup 路由器组成。主机将虚拟路由器当成默认网关。

VRID：虚拟路由器的标识。由具有相同 VRID 的一组路由器构成一个虚拟路由器。

Master 路由器：虚拟路由器中承担报文转发任务的路由器。

Backup 路由器：Master 路由器出现故障时，能够代替 Master 路由器工作的路由器。

虚拟 IP 地址：虚拟路由器的 IP 地址。一个虚拟路由器可以拥有一个或多个 IP 地址。

IP 地址拥有者：接口 IP 地址与虚拟 IP 地址相同的路由器称为 IP 地址拥有者。

虚拟 MAC 地址：一个虚拟路由器拥有一个虚拟 MAC 地址。虚拟 MAC 地址的格式为 00-00-5E-00-01-{VRID}。通常情况下，虚拟路由器回应 ARP 请求使用的是虚拟 MAC 地址，只有对虚拟路由器进行特殊配置时，才回应接口的真实 MAC 地址。

优先级：VRRP 根据优先级确定虚拟路由器中每台路由器的地位。

非抢占方式：若 Backup 路由器工作在非抢占方式下，则只要 Master 路由器没有出现故障，Backup 路由器即使随后被配置了更高的优先级也不会成为 Master 路由器。

抢占方式：若 Backup 路由器工作在抢占方式下，当它收到 VRRP 报文后，会将自己的优先级与通告报文中的优先级进行比较，若自己的优先级比当前的 Master 路由器的优先级高，则会主动抢占成为 Master 路由器；否则将保持 Backup 状态。

10.2.2　虚拟路由器简介

VRRP 将局域网内的一组路由器划分在一起，形成一个 VRRP 备份组，它在功能上相当于一台虚拟路由器，使用虚拟路由器号进行标识。以下使用虚拟路由器代替 VRRP 备份组进行描述。

虚拟路由器有自己的虚拟 IP 地址和虚拟 MAC 地址，它的外在表现形式和实际的物理路由器完全一样。局域网内的主机将虚拟路由器的 IP 地址设置为默认网关，通过虚拟路由器与外部网络进行通信。

虚拟路由器工作在实际的物理路由器上，它由多个实际的路由器组成，包括一个 Master 路由器和多个 Backup 路由器。Master 路由器正常工作时，局域网内的主机通过 Master 路由器与外界通信。当 Master 路由器出现故障时，Backup 路由器中的一台设备将成为新的 Master 路由器，接替转发报文的工作，VRRP 组网示意图如图 10-2 所示。该虚拟的路由器拥有自己的虚拟 IP 地址 10.100.10.1

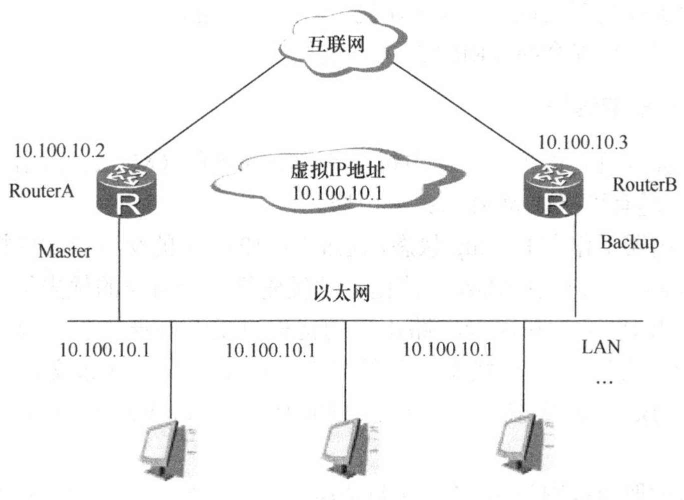

图 10-2　VRRP 组网示意图

（该 IP 地址可以与备份组内的某个路由器的接口地址相同），备份组内的路由器也有自己的 IP 地址（如 Master 路由器的 IP 地址为 10.100.10.2，Backup 路由器的 IP 地址为 10.100.10.3）。局域网内的主机仅知道该虚拟路由器的 IP 地址 10.100.10.1，而并不知道具体的 Master 路由器的 IP 地址 10.100.10.2 及 Backup 路由器的 IP 地址 10.100.10.3，它们将自己的默认路由下一跳地址设置为该虚拟路由器的 IP 地址 10.100.10.1。于是，网络内的主机就通过这个虚拟路由器与其他网络进行通信。若备份组内的 Master 路由器发生故障，则 Backup 路由器将会通过选举策略选出一个新的 Master 路由器，继续向网络内的主机提供路由服务，从而实现网络内的主机不间断地与外部网络进行通信。

10.2.3 VRRP 工作过程

VRRP 的工作过程如下。

（1）虚拟路由器中的路由器根据优先级选举出 Master 路由器。Master 路由器通过发送免费 ARP 报文，将自己的虚拟 MAC 地址通知给与它连接的设备或者主机，从而承担报文转发任务。

（2）Master 路由器周期性地发送 VRRP 报文，以公布其配置信息（优先级等）和工作状况。

（3）若 Master 路由器出现故障，则虚拟路由器中的 Backup 路由器将根据优先级重新选举新的 Master 路由器。

（4）虚拟路由器状态切换时，Master 路由器由一台设备切换为另外一台设备，新的 Master 路由器只是简单地发送一个携带虚拟路由器的 MAC 地址和虚拟 IP 地址信息的免费 ARP 报文，这样就可以更新与它连接的主机或设备中的 ARP 相关信息。网络中的主机无法感知 Master 路由器的改变。

（5）Backup 路由器的优先级高于 Master 路由器时，由 Backup 路由器的工作方式（抢占方式和非抢占方式）决定是否重新选举 Master 路由器。

由此可见，为了保证 Master 路由器和 Backup 路由器协调工作，VRRP 需要实现以下功能。

（1）Master 路由器的选举。

（2）Master 路由器状态的通告。

（3）同时，为了提高安全性，VRRP 还提供了认证功能。

下面将从 4 个方面详细介绍 VRRP 的工作过程。

1. Master 路由器的选举

VRRP 根据优先级确定虚拟路由器中每台路由器的角色（Master 路由器或 Backup 路由器）。优先级越高，越有可能成为 Master 路由器。

初始创建的路由器工作在 Backup 状态，通过 VRRP 报文的交互获知虚拟路由器中其他成员的优先级。若 VRRP 报文中 Master 路由器的优先级高于自身的优先级，则路由器保持在 Backup 状态；若 VRRP 报文中 Master 路由器的优先级低于自身的优先级，则采用抢占工作方式的路由器将抢占成为 Master 状态，并且周期性地发送 VRRP 报文，采用非抢占工作方式的路由器仍保持 Backup 状态；若在一定时间内没有收到 VRRP 报文，则路由器切换为 Master 状态。

VRRP 优先级的取值范围为 0～255（数值越大优先级越高），可配置的范围是 1～254，其中，0为系统保留给路由器放弃Master状态时使用的，255则是系统保留给IP地址拥有者使用的。当路由器为IP地址拥有者时，其优先级始终为255。因此，当虚拟路由器为IP地址拥有者时，只要其工作正常，该虚拟路由器就为Master路由器。

2．Master路由器状态的通告

Master路由器周期性地发送VRRP报文，在虚拟路由器中公布其配置信息（优先级等）和工作状况。Backup路由器通过接收到VRRP报文的情况来判断Master路由器是否工作正常。

Master路由器主动放弃Master地位（如Master路由器退出虚拟路由器）时，会发送优先级为0的VRRP报文，致使Backup路由器快速切换变成Master路由器。这个切换的时间称为Skew time，计算方式为(256－Backup路由器的优先级)/256，单位为s。

当Master路由器发生网络故障而不能发送VRRP报文时，Backup路由器并不能立即知道其工作状况。Backup路由器等待一段时间后，若还没有接收到VRRP报文，则会认为Master路由器无法正常工作，而把自己升级为Master路由器，周期性发送VRRP报文。若此时多个Backup路由器竞争Master路由器的位置，则需要通过优先级选举Master路由器。Backup路由器默认等待的时间称为Master_Down_Interval，取值为(3×VRRP报文的发送时间间隔)＋delay time，单位为s。

在性能不稳定的网络中，Backup路由器可能因为网络阻塞而在Master_Down_Interval期间没有收到Master路由器的报文，而主动抢占为Master路由器的位置，若此时原Master路由器的报文又到达了，则虚拟路由器的成员会频繁地对Master路由器进行抢占。为了缓解这种现象的发生，制定了延迟等待定时器，它可以使Backup路由器在等待了Master_Down_Interval后，再等待延迟等待时间。若在此期间仍然没有收到VRRP报文，则此Backup路由器才会切换为Master路由器，对外发送VRRP报文。

3．认证方式

VRRP提供了以下三种认证方式。

（1）无认证：不进行任何VRRP报文的合法性认证，不提供安全性保障。

（2）简单字符认证：在一个可能受到安全威胁的网络中，可以将认证方式设置为简单字符认证。发送VRRP报文的路由器将认证字填入到VRRP报文中，而收到VRRP报文的路由器会将收到的VRRP报文中的认证字与本地配置的认证字进行比较。若两者的认证字相同，则认为接收到的报文是合法的VRRP报文；否则认为接收到的报文是一个非法报文。

（3）MD5认证：在一个非常不安全的网络中，可以将认证方式设置为MD5认证。发送VRRP报文的路由器利用认证字和MD5算法对VRRP报文进行加密，加密后的报文保存在Authentication Header（认证头）中。接收到VRRP报文的路由器会利用认证字解密报文，检查该报文的合法性。

4．监视上行链路

VRRP实现网络传输功能有时需要额外的技术辅助。例如，Master路由器连接外部网络的链路出现故障时，内部主机将无法通过此Master路由器访问外部网络。VRRP可以通过监视指定接口上行链路功能解决这个问题。当Master路由器发现上行链路出现故障后，主动降低自己的优先级（使Master路由器的优先级低于Backup路由器），并立即发送VRRP报文。

Backup 路由器接收到优先级比自己低的 VRRP 报文后，等待抢占延迟时间后切换为新的 Master 路由器。

VRRP 可以利用 NQA（Network Quality Analyzer）技术监视上行链路连接的远端主机或者网络状况。例如，Master 设备上启动 NQA 的 ICMP-Echo 探测功能，探测远端主机的可达性。当 ICMP-Echo 探测失败时，它可以通知本设备的探测结果，达到降低 VRRP 优先级的目的。VRRP 优先级最低可以降低到 1。

VRRP 也可以利用 BFD 技术监视上行链路连接的远端主机或者网络状况。由于 BFD 的精度可以到达 10ms，因此通过 BFD 技术能够快速检测到链路状态的变化，达到快速抢占的目的。例如，可以在 Master 路由器上使用 BFD 技术监视上行设备的物理状态，在上行设备发生故障后，快速检测到该变化，并降低 Master 路由器的优先级，使得 Backup 路由器等待 delay-time 后，抢占成为新的 Master 路由器。

 10.3 VRRP 配置

10.3.1 添加或删除虚拟 IP 地址

将一个本网段的 IP 地址指定给一个虚拟路由器（也称一个备份组），或将指定到一个备份组的一个虚拟 IP 地址从虚拟地址列表中删除。若不指定删除某个虚拟 IP 地址，则删除此虚拟路由器上的所有虚拟 IP 地址。

添加虚拟 IP 地址。

```
[Router-GigabitEthernet0/0/1] vrrp vrid virtual-router-ID virtual-ip virtual-address
```

删除虚拟 IP 地址。

```
[Router-GigabitEthernet0/0/1] undo vrrp vrid virtual-router-ID virtual-ip [virtual-address]
```

备份组号 Virtual Router ID 的范围为 1～255，虚拟地址可以是备份组所在网段中未被分配的 IP 地址，也可以是备份组某个接口的 IP 地址。对于后者，将拥有这个接口 IP 地址的路由器称为一个 IP 地址拥有者（IP Address Owner）。当指定第一个虚拟 IP 地址到一个备份组时，系统会创建这个备份组，以后再指定虚拟 IP 地址到这个备份组时，系统仅将该地址添加到这个备份组的虚拟 IP 地址列表中。在对一个备份组进行其他配置前，必须先通过指定一个虚拟 IP 地址的命令将这个备份组创建起来。

备份组中最后一个虚拟 IP 地址被删除后，这个备份组也将同时被删除。也就是相应的接口上不再有该备份组，这个备份组的所有配置都不再有效。

10.3.2 设置备份组的优先级

VRRP 中根据优先级确定参与备份组的每台路由器的地位，备份组中优先级最高的路由器将成为 Master 路由器。

设置备份组的优先级。

```
[Router-GigabitEthernet0/0/1] vrrp vrid virtual-router-ID priority
```

```
priority-value
```

将备份组的优先级恢复为默认值。

```
[Router-GigabitEthernet0/0/1] undo vrrp vrid virtual-router-ID priority
```

默认情况下，备份组的优先级的取值范围为 1～100。

10.3.3 设置备份组的抢占方式和延迟时间

在非抢占方式下，一旦备份组中的某台路由器成为 Master 路由器，只要它没有出现故障，其他路由器即使随后被配置更高的优先级，也不会成为 Master 路由器。若路由器设置为抢占方式，它一旦发现自己的优先级比当前的 Master 路由器的优先级高，则会立即成为 Master 路由器，相应地，原来的 Master 路由器将会变成 Backup 路由器。

在设置抢占方式的同时，还可以设置延迟时间。这样可以使 Backup 路由器延迟一段时间再成为 Master 路由器。其目的是在性能不够稳定的网络中，Backup 路由器可能因为网络阻塞而无法正常收到 Master 路由器的报文，使用 `vrrp vrid` 命令配置抢占延迟时间后，可以避免因网络的短暂故障而导致的备份组内路由器的状态频繁转换。另外，延迟时间的范围为 0～255s。

设置备份组的抢占方式和延迟时间。

```
[Router-GigabitEthernet0/0/1] vrrp vrid vrid preempt-mode [timer delay
delay-value]
```

取消备份组的抢占方式。

```
[Router-GigabitEthernet0/0/1] undo vrrp vrid vrid preempt-mode
```

默认方式是抢占方式，延迟时间为 0s。

10.3.4 设置认证方式及认证字

VRRP 提供了两种认证方式，分别是简单字符认证（SIMPLE）和 MD5 认证。

在一个安全的网络中，令认证方式采用默认值，则路由器对要发送的 VRRP 报文不进行任何认证处理，而收到 VRRP 报文的路由器也不进行任何认证就认为该报文是一个真实的、合法的 VRRP 报文，这种情况下不需要设置认证字。

在一个有可能受到安全威胁的网络中，可以将认证方式设置为 SIMPLE 方式，则发送 VRRP 报文的路由器就会将认证字填入到 VRRP 报文中，而收到的 VRRP 报文的路由器会将收到的 VRRP 报文中的认证字和本地配置的认证字进行比较，若相同则认为该报文是真实的、合法的 VRRP 报文；否则认为该报文是一个非法的报文，并将其丢弃。这种情况下，应当设置长度为不超过 8 个字节的认证字。

在一个非常不安全的网络中，可以将认证方式设置为 MD5 认证方式，则路由器就会利用 Authentication Header 提供的认证方式和 MD5 算法对 VRRP 报文进行认证。若以明文形式输入，则长度为 1～8 个字符，如 1234567；若以密文形式输入，则长度必须为 24 个字符，并且必须是密文形式，如_（TT8F]Y\5SQ=^Q`MAF4<1!!。对于没有通过认证的报文将对其做丢弃处理，并会向网管发送陷阱报文。

设置认证方式和认证字。

```
[Router-GigabitEthernet0/0/1] vrrp authentication-mode {md5 key | simple key}
```

将认证方式恢复为默认值

```
[Router-GigabitEthernet0/0/1] undo vrrp authentication-mode
```

默认认证方式为不进行认证。

10.3.5 设置 VRRP 的定时器

VRRP 备份组中的 Master 路由器定时（adver-interval）向组内路由器发送 VRRP 报文汇报自己工作正常。若 Backup 路由器超过一定时间（master-down-interval）没有收到 Master 路由器发送来的 VRRP 报文，则认为它已经无法正常工作。同时就会将自己的状态转变为 Master。

用户可以通过设置定时器的命令来调整 Master 路由器发送 VRRP 报文的间隔时间。而 Backup 路由器的 master-down-interval 的时间间隔大约是 adver-interval 的 3 倍。若网络流量过大或者有不同的路由器上的定时器差异等因素，则会导致 master-down-interval 异常进而导致状态转换。对于这种情况，可以通过延长 adver-interval 的时间间隔和设置延迟时间的办法解决。adver-interval 的单位是 s。

设置 VRRP 定时器的时间间隔。

```
[Router-GigabitEthernet0/0/1] vrrp vrid vrid timer advertise adver-interval
```

将 VRRP 定时器的时间间隔恢复为默认值。

```
[Router-GigabitEthernet0/0/1] undo vrrp vrid vrid timer advertise
```

默认情况下，adver-interval 的值是 1s，取值范围为 1～255s。

10.3.6 设置监视指定接口

VRRP 监视接口功能，更好地扩充了备份功能，即不仅在备份组所在的接口出现故障时提供备份功能，而且在路由器的上行接口不可用时也可以使用备份功能。当被监视的接口处于 DOWN 状态时，本接口的优先级（priority-reduced）会自动降低，于是会导致备份组内其他路由器的优先级高于这个路由器的优先级，进而使其他优先级高的路由器转化为 Master 路由器，达到对这个接口监视的目的。

设置监视指定接口。

```
[Router-GigabitEthernet0/0/1] vrrp vrid vrid track interface-type interface-number [reduced priority-reduced]
```

取消监视指定接口。

```
[Router-GigabitEthernet0/0/1] undo vrrp vrid vrid track [interface-type interface-number]
```

默认情况下，priority-reduced 的值为 10。

 10.4 VRRP 的显示和调试

在完成上述配置后，在所有视图下执行 display 命令均可以显示 VRRP 配置后的运行情况，通过查看显示信息验证配置的效果。

在用户视图下，执行 debugging 命令可以对 VRRP 进行调试。VRRP 的显示和调试如表 10-1

所示。

表 10-1　VRRP 的显示和调试

操　作	命　令
显示 VRRP 的状态信息	**display vrrp** [**interface** *type number* [*virtual-router-ID*]]
使能对 VRRP 报文的调试	**debugging vrrp packet**
禁止对 VRRP 报文的调试	**undo debugging vrrp packet**
使能对 VRRP 状态的调试	**debugging vrrp state**
禁止对 VRRP 状态的调试	**undo debugging vrrp state**

用户可以通过打开 VRRP 调试开关的命令查看 VRRP 的运行情况。调试开关有两个：一个是 VRRP 的报文调试开关（Packet）；另一个是 VRRP 的状态调试开关（State），默认情况下是将调试开关关闭。

10.5　VRRP 典型配置举例

10.5.1　VRRP 单备份组举例

1．组网需求

主机 A 把 RouterA 和 RouterB 组成的 VRRP 备份组作为自己的默认网关，访问互联网上的主机 B。构成 VRRP 备份组的号码为 1，虚拟 IP 地址为 202.38.160.111，RouterA 作为 Master 路由器，RouterB 作为备份路由器，允许抢占。VRRP 单备份组配置组网图如图 10-3 所示。

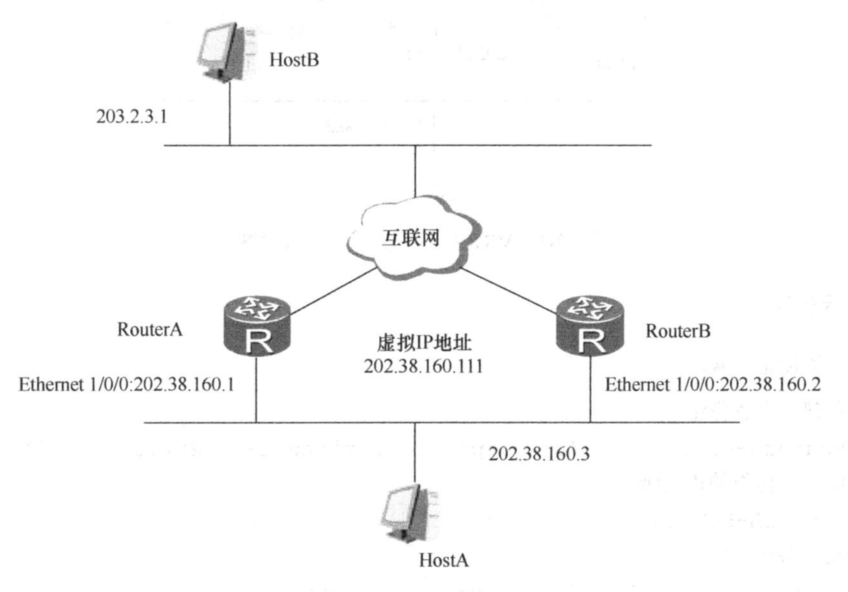

图 10-3　VRRP 单备份组配置组网图

2．配置步骤

（1）配置 RouterA。

```
[RouterA-Ethernet1/0/0] vrrp vrid 1 virtual-ip 202.38.160.111
[RouterA-Ethernet1/0/0] vrrp vrid 1 priority 120
[RouterA-Ethernet1/0/0] vrrp vrid 1 preempt-mode timer delay 5
```

（2）配置 RouterB。

```
[RouterB-Ethernet1/0/0] vrrp vrid 1 virtual-ip 202.38.160.111
```

备份组配置完毕后就可以使用了，HostA 可将默认网关设为 202.38.160.111。正常情况下，RouterA 执行网关工作，当 RouterA 关机或出现故障时，RouterB 将接替它执行网关工作。设置抢占方式的目的是：当 RouterA 恢复工作后，能够继续成为 Master 路由器而执行网关工作。

10.5.2 VRRP 监视接口举例

1. 组网需求

即使 RouterA 仍然正常工作，但当其连接互联网的接口不可用时，可能希望由 RouterB 来执行网关工作，可通过配置监视接口来实现该需求。为了便于说明，将备份组号设为 1，并增加授权字和计时器的配置（在该应用中不是必需的）。VRRP 监视接口配置组网图如图 10-4 所示。

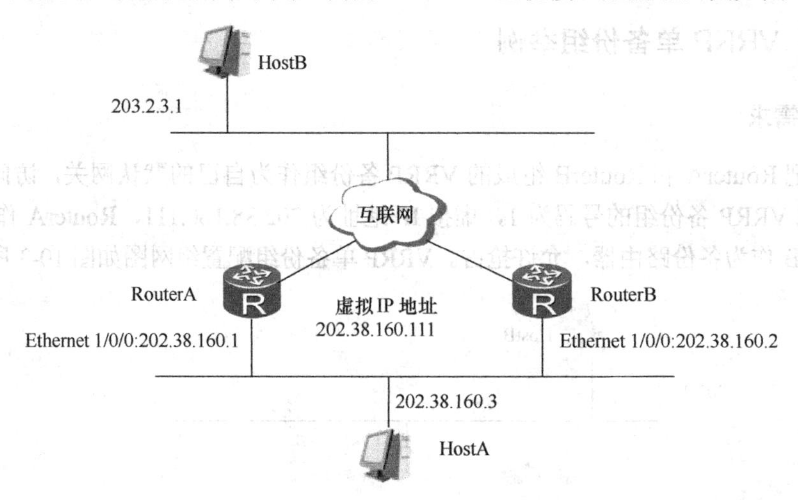

图 10-4　VRRP 监视接口配置组网图

2. 配置步骤

（1）配置 RouterA。

```
#创建一个备份组
[RouterA-Ethernet1/0/0] vrrp vrid 1 virtual-ip 202.38.160.111
#配置备份组的优先级
[RouterA-Ethernet1/0/0] vrrp vrid 1 priority 120
#配置备份组的认证字
[RouterA-Ethernet1/0/0] vrrp authentication-mode md5 huawei
#配置 Master 路由器发送 VRRP 报文的间隔时间为 5s
[RouterA-Ethernet1/0/0] vrrp vrid 1 timer advertise 5
#配置监视接口
```

```
[RouterA-Ethernet1/0/0] vrrp vrid 1 track serial2/0/0 reduced 30
```

（2）配置 RouterB。

```
#创建一个备份组
[RouterB-Ethernet1/0/0] vrrp vrid 1 virtual-ip 202.38.160.111
#配置备份组的认证字
[RouterB-Ethernet1/0/0] vrrp authentication-mode md5 huawei
#配置 Master 路由器发送 VRRP 报文的间隔时间为 5s
[RouterB-Ethernet1/0/0] vrrp vrid 1 timer advertise 5
[RouterB-Ethernet1/0/0] vrrp vrid 1 preempt-mode timer delay 5
```

正常情况下，RouterA 执行网关工作，当 RouterA 的接口 Serial2/0/0 不可用时，RouterA 的优先级降低 30，并且低于 RouterB 的优先级，RouterB 将抢占成为 Master 路由器而继续执行网关工作。当 RouterA 的接口 Serial2/0/0 恢复工作后，RouterA 能够再次成为 Master 路由器而执行网关工作。

10.5.3 多备份组举例

1．组网需求

通过多备份组设置可以实现负荷分担。RouterA 作为备份组 1 的 Master 路由器，同时又作为备份组 2 的备份路由器，而 RouterB 正相反，作为备份组 2 的 Master 路由器，并作为备份组 1 的备份路由器。一部分主机使用备份组 1 作为网关，另一部分主机使用备份组 2 作为网关。这样，可以达到分担数据流、相互备份的目的。VRRP 多备份组配置组网图如图 10-5 所示。

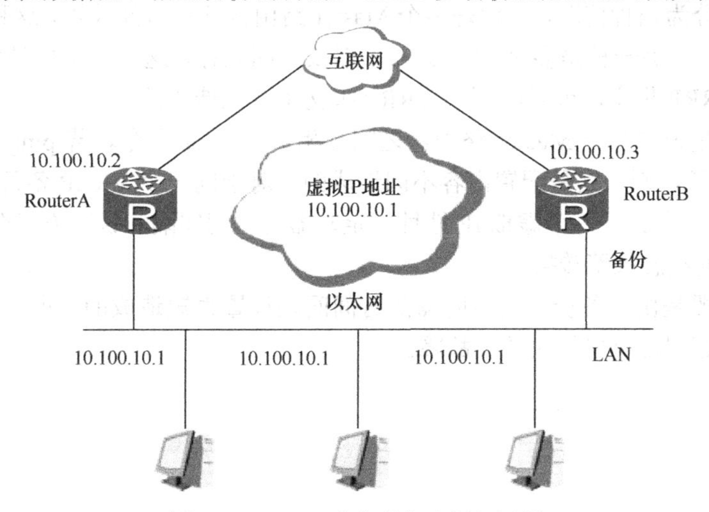

图 10-5 VRRP 多备份组配置组网图

2．配置步骤

（1）配置 RouterA。

```
#创建一个备份组 1
[RouterA-Ethernet1/0/0] vrrp vrid 1 virtual-ip 202.38.160.111
```

```
#配置备份组的优先级
[RouterA-Ethernet1/0/0] vrrp vrid 1 priority 120
#创建一个备份组 2
[RouterA-Ethernet1/0/0] vrrp vrid 2 virtual-ip 202.38.160.112
```

（2）配置 RouterB。

```
#创建一个备份组 1
[RouterB-Ethernet1/0/0] vrrp vrid 1 virtual-ip 202.38.160.111
#创建一个备份组 2
[RouterB-Ethernet1/0/0] vrrp vrid 2 virtual-ip 202.38.160.112
#配置备份组 2 的优先级
[RouterB-Ethernet1/0/0] vrrp vrid 2 priority 120
```

 10.6　VRRP 故障诊断与排除

VRRP 的配置不是很复杂，若其功能不正常，则基本可以通过查看配置及调试信息来定位故障。VRRP 的故障类型主要分为以下 3 种。

（1）控制台上一直给出配置错误的提示。

这表明收到一个错误的 VRRP 报文，一种可能是备份组内的另一台路由器的配置不一致造成的，另一种可能是设备试图发送非法的 VRRP 报文。对于第一种可能，可以通过修改配置来解决；对于第二种可能，应当通过非技术手段来解决。

（2）同一个备份组内出现多个 Master 路由器。

该故障类型分为两种情况，一种是多个 Master 路由器并存时间较短，这种情况是正常的，无须进行人工干预。另一种是多个 Master 路由器长时间共存，这很有可能是由于 Master 路由器之间收不到 VRRP 报文，或者收到的 VRRP 报文不合法造成的。

解决的方法是先在多个 Master 路由器之间互相执行 ping 命令。若 ping 不通，则是其他问题；若能 ping 通，则一定是配置内容不同造成的。对于同一个 VRRP 备份组的配置，必须要保证虚拟 IP 地址个数、每个虚拟 IP 地址、定时器的时间间隔和认证方式全部完全一样。

（3）VRRP 的状态频繁转换。

该类故障一般是由于备份组的定时器的时间间隔设置太短造成的，所以加大这个时间间隔或者设置抢占延迟都可以解决该类故障。

第 11 章

NAT 配置

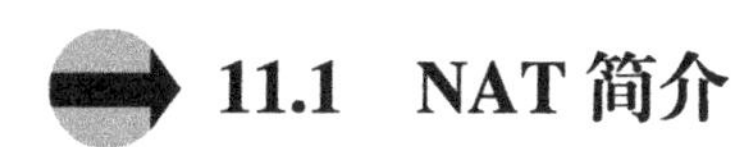

11.1 NAT 简介

地址转换（Network Address Translation，NAT）是将 IP 数据报报头中的 IP 地址转换为另一个 IP 地址的过程。在实际应用中，NAT 主要实现私有网络访问外部网络的功能。这种通过使用少量的公有 IP 地址代表多数的私有 IP 地址的方式将有助于减缓可用 IP 地址空间耗尽的速度。

NAT 的基本过程如图 11-1 所示，此图描述了一个基本的 NAT 应用。

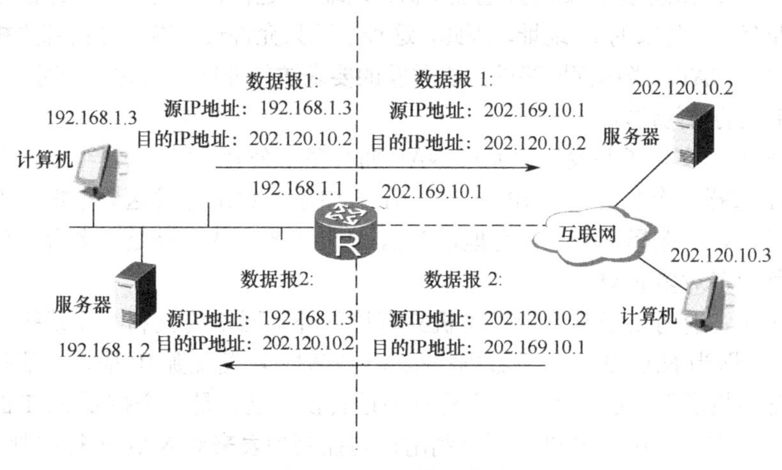

图 11-1　NAT 的基本过程

NAT 服务器处于私有网络和公有网络的连接处。当内部计算机（192.168.1.3）向外部服务器（202.120.10.2）发送一个数据报 1 时，数据报 1 将通过 NAT 服务器。NAT 进程查看报头内容发现该数据报是发往外网的，那么它将数据报 1 的源地址字段的私有地址 192.168.1.3 换成一个可在互联网上选路的公有地址 202.169.10.1，并将该数据报发送到外部服务器，同时在网络 NAT 表中记录这个映射；外部服务器给内部计算机发送应答报文 2（其初始目的地址为 202.169.10.1），到达 NAT 服务器后，NAT 进程再次查看报头内容，然后查找当前网络 NAT 表的记录，用原来的内部计算机的私有地址 192.168.1.3 替换目的地址。

上述的 NAT 过程对终端（见图 11-1 中的计算机和服务器）来说是透明的。而外部服务器认为内部计算机的 IP 地址就是 202.169.10.1，并不知道存在 192.168.1.3 这个地址。因此，NAT

“隐藏”了企业的私有网络。NAT 的优点是为内部主机提供了“隐私（Privacy）”保护的前提下，实现了内部网络的主机通过该功能访问外部网络资源的目的。但 NAT 也存在以下缺点。

（1）由于需要对数据报文进行 IP 地址转换，因此涉及 IP 地址的数据报的报头不能被加密。在应用协议中，若报文中有地址或端口需要转换，则报文不能被加密。例如，不能使用加密的 FTP 连接，否则 FTP 的 `port` 命令不能被正确转换。

（2）网络调试变得更加困难。例如，某台内部网络的主机试图攻击其他网络，则很难指出究竟是哪一台主机是恶意的，因为主机的 IP 地址被屏蔽了。

（3）在链路的带宽速率低于 10Mbit/s 时，NAT 对网络性能基本不构成影响，此时，网络传输的瓶颈在传输线路上；当链路的带宽速率高于 10Mbit/s 时，NAT 将对路由器性能产生一些影响。

11.2 NAT 实现的功能

1. 多对多 NAT 及 NAT 的控制

从第 11.1 节的 NAT 内容可知，当内部网络访问外部网络时，NAT 将会选择一个合适的外部地址替代内部网络数据报文的源地址。图 11-1 中是选择 NAT 服务器接口的 IP 地址（公有地址）来替换内部网络数据报文的源地址（私有地址）。这样在所有内部网络的主机访问外部网络时都只能拥有一个外部的 IP 地址，因此，这种情况只允许最多有一台内部主机访问外部网络，这称为一对一 NAT。当内部网络的主机并发的要求访问外部网络时，一对一 NAT 仅能够实现其中一台主机的访问请求。

NAT 的一种变形实现了并发性。允许 NAT 拥有多个公有 IP 地址，当第一台内部主机访问外网时，NAT 选择一个公有地址 IP1，在 NAT 表中添加记录并发送数据报；当另一台内部主机访问外网时，NAT 选择另一个公有地址 IP2，依此类推，从而满足了多台内部主机访问外网的请求，这称为多对多 NAT。

在实际应用中，有时要求某些内部主机具有访问外部网络的权利，而某些内部主机不允许访问外部网络，即当 NAT 进程查看数据报报头内容时，若发现源 IP 地址是那些不允许访问外部网络的内部主机所拥有的，则它将不进行地址转换。这就是一个控制 NAT 的问题，可以通过定义地址池来实现多对多 NAT，同时利用访问控制列表来对 NAT 进行控制。

地址池是指用于 NAT 的一些公有 IP 地址的集合。用户应根据自己拥有的合法 IP 地址数目、内部网络主机数目及实际应用情况配置恰当的地址池。在 NAT 的过程中，将会从地址池中挑选一个地址作为转换后的源地址。

利用访问控制列表限制 NAT，只有满足访问控制列表条件的数据报文才可以进行地址转换。这样可以有效地控制 NAT 的使用范围，使内部主机能够有权访问外部网络。

2. NAPT

NAPT（Network Address Port Translation，网络地址端口转换）是指多个内部地址可以映射到同一个公有地址上，也称为多对一 NAT 或地址复用。

NAPT 映射的 IP 地址和端口号均来自不同内部地址的数据报，这些 IP 地址和端口号可以映射到同一个外部地址的不同端口号上，即能够共享同一公有地址。也就是私有地址、端口与公有地址、端口之间的转换。

NAPT 地址复用示意图如图 11-2 所示，此图描述了 NAPT 的基本原理。

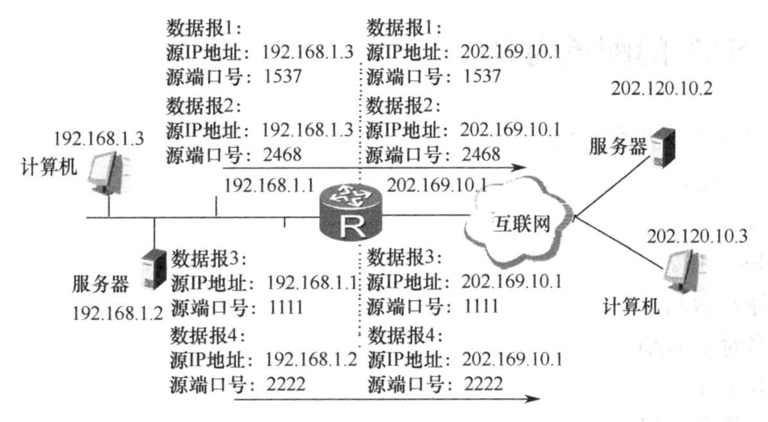

图 11-2 NAPT 地址复用示意图

图 11-2 中有 4 个带有内部地址的数据报到达 NAT 服务器，通过 NAT 映射，4 个数据报都被转换到同一个外部地址，但每个数据报都被赋予了不同的源端口号，因而仍保留了报文之间的区别。当回应报文到达时，NAT 进程仍能够根据回应报文的目的地址和端口号来区别该报文应转发到哪台内部主机。

3. 内部服务器

NAT 隐藏了内部网络的结构，具有屏蔽内部主机的作用，但是在实际应用中，可能需要提供给外部网络一个访问内部服务器的机会，如给外部网络提供一台 WWW 服务器，或是一台 FTP 服务器。使用 NAT 可以灵活地添加内部服务器，例如，可以使用 202.169.10.10 作为 Web 服务器的外部地址，使用 202.110.10.11 作为 FTP 服务器的外部地址，甚至可以使用 202.110.10.12:8080 这样的地址作为 Web 的外部地址，还可为外部用户提供多台同样的服务器（如提供多台 Web 服务器）。

Router 系列路由器的 NAT 实现了内部服务器供外部网络访问的功能。外部网络的用户访问内部服务器时，NAT 将请求报文内的目的地址转换成内部服务器的私有地址。对内部服务器回应报文而言，NAT 要将回应报文的源地址（私有地址）转换成公有地址。

4. Easy IP

当进行地址转换时，Easy IP 直接使用接口的公有 IP 地址作为转换后的源地址。同样，Easy IP 也可以利用访问控制列表控制内部地址并且可以进行地址转换。

5. NAT 应用网关

若进行地址转换，则会导致许多对 NAT 敏感的应用协议无法正常工作，故必须针对这样的协议进行特殊的处理。所谓对 NAT 敏感的协议是指该协议的某些报文的有效载荷中携带 IP 地址和（或）端口号，若不进行特殊处理，则会严重影响后续的协议交互。

NAT 应用网关（NAT Application Level Gateway，NAT ALG）是解决特殊协议穿越 NAT 的一种常用方式，该方法按照 NAT 规则对载荷中的 IP 地址和端口号进行替换，从而实现对该协议的透明中继。目前 VRP 的 NAT ALG 支持 PPTP、DNS、FTP、ILS、NBT、SIP、H.323 等协议。

11.3 NAT 的配置内容

NAT 配置包括以下几个方面。

（1）配置地址池。

（2）配置 NAT。

（3）配置 Easy IP。

（4）配置静态 NAT。

（5）配置多对多 NAT。

（6）配置 NAPT。

（7）配置内部服务器。

（8）配置 NAT 应用网关。

（9）配置 NAT 有效时间（选配）。

1．配置地址池

地址池是一些连续的 IP 地址集合，当内部数据包通过 NAT 到达外部网络时，将会选择地址池中的某个地址作为转换后的源地址。

定义一个地址池。

```
[Router] nat address-group group-number start-addr end-addr
```

删除一个地址池。

```
[Router] undo nat address-group group-number
```

2．配置 NAT

将访问控制列表和地址池关联（或接口地址）后，即可实现地址转换。这种关联指定了具有某些特征的 IP 报文才可以使用这样的地址池中的地址（或接口地址）。当内部网络中的数据包发往外部网络时，首先根据访问列表判定这些数据包是否是允许的数据包，然后根据转换关系找到与之对应的地址池（或接口地址）再进行转换。

3．配置 Easy IP

若 NAT 命令不带 address-grup 参数，即仅使用 nat outbound acl-number 命令，则可以实现 Easy IP 的特性。地址转换时，直接使用接口的 IP 地址作为转换后的地址，利用访问控制列表控制相关 IP 地址并且可以进行地址转换。

配置访问控制列表和接口地址关联。

```
[Router-Serial0/0/0] nat outbound acl-number
```

删除访问控制列表和接口地址关联。

```
[Router-Serial0/0/0] undo nat outbound acl-number
```

当直接使用接口地址作为 NAT 后的公网地址时，若修改了接口地址，则首先应该使用

reset nat session 命令清除原 NAT 地址映射表项，然后再访问外部网络；否则就会出现原有 NAT 表项不能自动删除，也无法使用 reset nat 命令删除的情况。

4. 配置静态 NAT

（1）配置/删除一对一静态 NAT。

配置一对一静态 NAT。

```
[Router-Serial0/0/0] nat static global ip-addr inside
```

删除一对一静态 NAT。

```
[Router-Serial0/0/0] undo nat static global ip-addr inside
```

（2）使静态 NAT 在接口上生效。

```
[Router-Serial0/0/0] nat static enable
```

5. 配置多对多 NAT

将访问控制列表和地址池关联后，即可实现多对多 NAT。

配置访问控制列表和地址池关联。

```
[Router-Serial0/0/0] nat outbound acl-number address-group group-number
[no-pat]
```

删除访问控制列表和地址池关联。

```
[Router-Serial0/0/0] undo nat outbound acl-number address-group group-
number [no-pat]
```

6. 配置 NAPT

将访问控制列表和 NAT 地址池关联时，若选择 no-pat 参数，则表示只转换数据包的 IP 地址而不使用端口信息，即不使用 NAPT 功能；若不选择 no-pat 参数，则启用 NAPT 功能。默认情况是启用 NAPT 功能的。

配置访问控制列表和地址池关联。

```
[Router-Serial0/0/0] nat outbound acl-number address-group group-number
```

删除访问控制列表和地址池关联。

```
[Router-Serial0/0/0] undo nat outbound acl-number address-group group-
number
```

7. 配置内部服务器

通过配置内部服务器可将相应的外部地址、端口等映射到内部服务器上，并且提供了外部网络可访问内部服务器的功能。内部服务器与外部网络的映射表是由 nat server 命令配置的。

用户需要提供的信息包括外部地址、外部端口、内部服务器地址、内部服务器端口及服务协议类型。

配置一个内部服务器。

```
[Router-Serial0/0/0] nat server protocol pro-type global global-addr
[global-port] inside host-addr [host-port]
```

删除一个内部服务器。

```
[Router-Serial0/0/0] undo nat server protocol pro-type global global-addr
[global-port] inside host-addr [host-port]
```

8. 配置 NAT 应用网关

开启 NAT 应用网关。

```
[Router] nat alg {all | dns | ftp | rtsp | sip} enable
```

禁用 NAT 应用网关。

```
[Router] undo nat alg {all | dns | ftp | rtsp | sip} enable
```

默认情况下，使能 NAT 应用网关功能。

11.4 NAT 显示和调试

在完成上述配置后，在所有视图下执行 display 命令均可以显示 NAT 配置后的运行情况，通过查看显示信息验证配置的效果。在用户视图下，执行 debugging 命令可以对 NAT 进行调试。

查看 NAT 的状况。

```
[Router] display nat {address-group | alg | dns-map | outbound | server |
static | session [destination ip-addr | source inside-addr] [mapping-mode]}
```

打开 NAT 的调试开关。

```
<Router> debugging nat {all | error | event | info}
```

关闭 NAT 的调试开关。

```
<Router> undo debugging nat {all | error | event | info}
```

清除 NAT 映射表。

```
<Router> reset nat {statistics | dynamic-mappings}
```

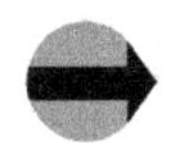

11.5 NAT 典型配置举例

11.5.1 NAT 典型配置

1. 组网需求

NAT 配置案例组网图如图 11-3 所示，某公司通过路由器的 NAT 功能连接到广域网。要求该公司能够通过路由器串口 3/0/0 访问外部网络，公司内部对外提供 WWW、FTP 和 SMTP 服务，而且提供两台 WWW 服务器。公司内部网址为 10.110.0.0/16，其中，内部 FTP 服务器地址为 10.110.10.1，内部 WWW 服务器 1 地址为 10.110.10.2，内部 WWW 服务器 2 地址为 10.110.10.3，内部 SMTP 服务器地址为 10.110.10.4，并且希望可以对外提供统一的服务器 IP 地址。内部 10.110.10.0/2/4 网段的计算机可以访问外部网络，而其他网段的计算机不能访问外部网络，并且外部计算机可以访问内部服务器。该公司具有 202.38.160.100～202.38.160.105 这 6 个合法的 IP 地址，选用 202.38.160.100 作为公司对外的 IP 地址，内部 WWW 服务器 2 对外采用 8080 端口。

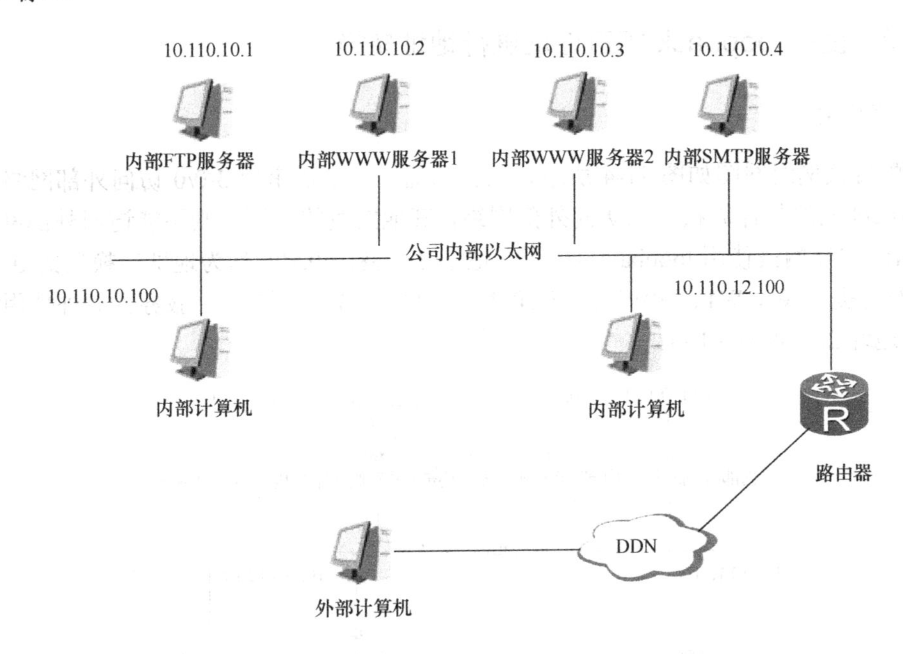

图 11-3　NAT 配置案例组网图

2. 配置步骤

配置地址池和访问控制列表。

```
[Router] nat address-group 1 202.38.160.100 202.38.160.105
[Router] acl number 2001
[Router-acl-basic-2001] rule permit source 10.110.10.0 0.0.0.255
[Router-acl-basic-2001] rule deny source 10.110.0.0 0.0.255.255
[Router-acl-basic-2001] quit
```

允许 10.110.10.0/2/4 网段进行地址转换。

```
[Router] interface Serial3/0/0
[Router-Serial3/0/0] nat outbound 2001 address-group 1
```

配置内部 FTP 服务器。

```
[Router-Serial3/0/0] nat server protocol tcp global 202.38.160.100 ftp
inside 10.110.10.1 ftp
```

配置内部 WWW 服务器 1。

```
[Router-Serial3/0/0] nat server protocol tcp global 202.38.160.100 www
inside 10.110.10.2 www
```

配置内部 WWW 服务器 2。

```
[Router-Serial3/0/0] nat server protocol tcp global 202.38.160.100 8080
inside 10.110.10.3 www
```

设置内部 SMTP 服务器。

```
[Router-Serial3/0/0] nat server protocol tcp global 202.38.160.100 smtp
inside 10.110.10.4 smtp
```

11.5.2 使用 loopback 接口地址进行地址转换

1. 组网需求

NAT 配置案例组网图如图 11-4 所示，某公司通过路由器串口 3/0/0 访问外部网络，内部 10.110.10.0/2/4 网段的计算机可以访问外部网络，其他网段的计算机则不能访问外部网络，内部 10.110.10.0/2/4 网段使用 loopback 接口 IP 地址 202.38.160.106 作为地址转换后的 IP 地址。公司内部对外提供 WWW1、WWW2、FTP 和 SMTP 服务器，这 4 个服务器对外使用统一的服务器 IP 地址 202.38.160.100。

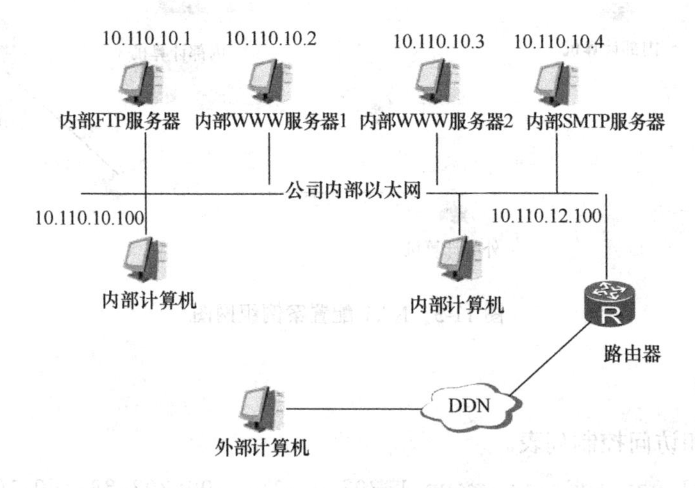

图 11-4　NAT 配置案例组网图

2. 配置步骤

配置访问控制列表。

```
[Router] acl number 2001
[Router-acl-basic-2001] rule permit source 10.110.10.0 0.0.0.255
[Router-acl-basic-2001] rule deny source 10.110.0.0 0.0.255.255
[Router-acl-basic-2001] quit
```

配置 loopback 接口。

```
[Router] interface loopback0
[Router-LoopBack0] ip address 202.38.160.106
[Router-LoopBack0] quit
```

配置内部 FTP 服务器。

```
[Router] interface Serial3/0/0
[Router-Serial3/0/0] nat server protocol tcp global 202.38.160.100 ftp
inside 10.110.10.1 ftp
```

配置内部 WWW 服务器 1。

```
[Router-Serial3/0/0] nat server protocol tcp global 202.38.160.100 www
inside 10.110.10.2 www
```

配置内部 WWW 服务器 2。

```
[Router-Serial3/0/0] nat server protocol tcp global 202.38.160.100 8080
inside 10.110.10.3 www
```

配置内部 SMTP 服务器。

```
[Router-Serial3/0/0] nat server protocol tcp global 202.38.160.100 smtp
inside 10.110.10.4 smtp
```

配置使用 loopback 接口地址作为转换后的 IP 地址。

```
[Router-Serial3/0/0] nat outbound 2001 interface loopback 0
```

11.6　NAT 故障与排除

NAT 的故障类型主要有以下两种。

（1）NAT 不正常。

排除故障：打开 NAT 的 Debug 开关，具体操作参见 `debugging` 命令中的 `debugging nat`。根据路由器上的 Debug 调试信息初步定位错误，然后使用其他命令做进一步判断。调试时，注意观察转换后的源地址，要保证该地址是希望转换的地址，否则可能发生地址池配置错误。同时注意想要访问的网络必须要有回到地址池中地址段的路由。注意防火墙及 NAT 本身的访问控制列表对 NAT 造成的影响，同时注意路由的配置。

（2）内部服务器工作不正常。

排除故障：若外部主机不能正常访问内部服务器，则检查是否是内部服务器主机的配置存在错误或路由器上对内部服务器的配置存在错误，如对内部服务器的 IP 地址指定错误等。同时也有可能是防火墙禁止了外部主机对内部网络的访问，可以用 `display acl` 命令查看，相关内容参见防火墙的配置。

第 12 章

IPSec 配置

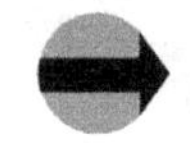

12.1 IPSec 简介

12.1.1 IPSec 协议简介

IPSec（IP Security）协议族是 IETF 制定的一系列协议，它为 IP 数据报提供了高质量的、可互操作的、基于密码学的安全性。特定的通信方之间在 IP 层通过加密与数据源验证等方式保证数据报在网络上传输时的私有性、完整性、真实性和防重放。

IPSec 通过 AH（Authentication Header，认证头）和 ESP（Encapsulating Security Payload，封装安全载荷）这两个安全协议实现上述目标，并且还可以通过 IKE（Internet Key Exchange，因特网密钥交换）协议为 IPSec 提供自动协商交换密钥、建立和维护安全联盟的服务，以简化 IPSec 的使用和管理。

AH 协议是报文头验证协议，主要提供的功能包括数据源验证、数据完整性校验和防报文重放功能。然而 AH 并不加密所保护的数据报。

ESP 协议是封装安全载荷协议，它除提供 AH 协议的所有功能外（数据完整性校验不包括 IP 头），还可以提供对 IP 报文的加密功能。

IKE 用于协商 AH 和 ESP 所使用的密码算法，并将算法所需的必备密钥放到恰当位置。

12.1.2 IPSec 基本概念

1. 安全联盟

IPSec 在两个端点之间提供安全通信，对应端点被称为 IPSec 对等体。IPSec 能够允许系统、网络的用户或管理员控制对等体间安全服务的粒度。例如，某个组织的安全策略可能规定来自特定子网的数据流应同时使用 AH 和 ESP 进行保护，并使用 3DES（Triple Data Encryption Standard，三重数据加密标准）进行加密；另一方面，策略可能规定来自另一个站点的数据流只使用 ESP 保护，并仅使用 DES 加密。IPSec 能够通过安全联盟（Security Association，SA）对不同的数据流提供不同级别的安全保护。

安全联盟既是 IPSec 的基础，又是 IPSec 的本质，安全联盟是通信对等体间的某些要素的约定。例如，使用哪种协议（AH、ESP 还是两者结合使用）、协议的操作模式（传输模式和隧道模式）、加密算法（DES 和 3DES）、特定流中保护数据的共享密钥及安全联盟的生存周期等。

安全联盟是单向通信的，在两个对等体间的双向通信至少需要两个安全联盟分别对两个方向的数据流进行安全保护。同时，若希望同时使用 AH 和 ESP 保护对等体间的数据流，则分别需要两个安全联盟，一个用于 AH，另一个用于 ESP。

安全联盟由一个三元组唯一标识，这个三元组包括 SPI（Security Parameter Index，安全参数索引）、目的 IP 地址、安全协议号（AH 或 ESP）。SPI 是唯一标识安全联盟而生成的一个 32 位的数值，它在 AH 和 ESP 中传输。

安全联盟具有生存周期。生存周期的计算方式有两种：一种是以时间为限制，每隔指定时间就进行更新；另一种以流量为限制，每传输指定的数据量（字节）就进行更新。

2．验证算法与加密算法

（1）验证算法。AH 和 ESP 都能够对 IP 报文的完整性进行验证，以判别报文在传输过程中是否被篡改。验证算法主要是通过杂凑函数实现的，杂凑函数是一种能够接收任意长度的消息输入，并产生固定长度输出的算法，该输出称为消息摘要。IPSec 对等体计算消息摘要时，若两个消息摘要都是相同的，则表示报文是完整未经篡改的。IPSec 一般使用以下两种验证算法。

MD5 验证算法：MD5 通过输入任意长度的消息，产生 128 位的消息摘要。

SHA-1 验证算法：SHA-1 通过输入长度小于 2^{64} 位的消息，产生 160 位的消息摘要。由于 SHA-1 的消息摘要长于 MD5 的信息摘要，因此 SHA-1 是更安全的。

（2）加密算法。ESP 能够对 IP 报文内容进行加密保护，防止报文内容在传输过程中被窥探。加密算法是主要通过对称密钥系统实现的，它使用相同的密钥对数据进行加密和解密。IPSec 可以使用以下 3 种加密算法。

DES（Data Encryption Standard）：使用 56 位的密钥对一个 64 位的明文块进行加密。

3DES（Triple DES）：使用三个 56 位的 DES 密钥（共 168 位密钥）对明文进行加密。

AES（Advanced Encryption Standard）：该加密算法的密钥长度为 128 位、192 位、256 位。

3．协商方式

建立安全联盟的协商方式有两种，一种是手动方式（Manual），另一种是 IKE 自动协商（Isakmp）方式。前者配置比较复杂，创建安全联盟所需的全部信息都必须手动配置，而且 IPSec 的一些高级特性（如定时更新密钥）不被支持，但优点是可以不依赖 IKE 而单独实现 IPSec 功能。而后者配置则相对比较简单，只需要配置好 IKE 协商安全策略的信息即可，该方式由 IKE 自动协商创建和维护安全联盟。

当进行通信的对等体设备数量较少时或是对等体设备在小型静态环境中，手动配置安全联盟是可行的。对于中、大型的动态网络环境中，推荐使用 IKE 自动协商方式建立安全联盟。

4．IPSec 协议操作模式

IPSec 协议有两种操作模式：传输模式和隧道模式，而在安全联盟中指定了 IPSec 协议的操作模式。在传输模式下，AH 或 ESP 被插入到 IP 头之后，但在所有传输层协议之前或所有其他 IPSec 协议之前。在隧道模式下，AH 或 ESP 被插在原始 IP 头之前，另外生成一个新 IP 头放到 AH 或 ESP 之前。不同安全协议在传输模式和隧道模式下的数据封装形式（传输协议以 TCP 为例）如图 12-1 所示。

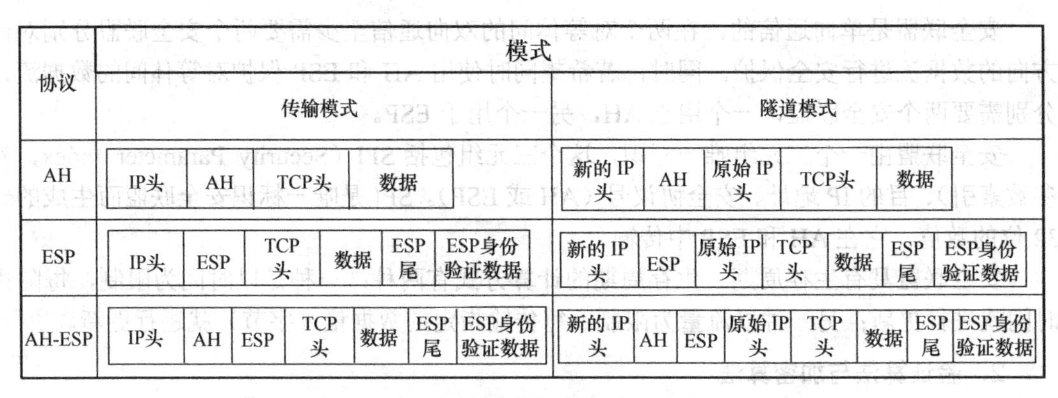

图 12-1　不同安全协议在传输模式和隧道模式下的数据封装形式

从安全性来讲，隧道模式优于传输模式。隧道模式可以完全地对原始 IP 数据报进行验证和加密。此外，可以使用 IPSec 对等体的 IP 地址隐藏客户机的 IP 地址。从性能方面讲，隧道模式比传输模式占用更多带宽，因为隧道模式有一个额外的 IP 头。因此，究竟使用哪种模式需要在安全性和性能之间进行权衡。

12.1.3　IPSec DPD 简介

IPSec DPD（IPSec Dead Peer Detection on-demand）为按需型 IPSec/IKE 安全隧道对端状态探测。启动 DPD 功能后，当接收端长时间收不到对端的报文时，能够触发 DPD 查询，主动向对端发送请求报文，对是否存在 IKE 对等体进行检测。与 IPSec 中原有的周期性连接功能相比，DPD 具有产生数据流量小、检测及时、隧道恢复快的优点。

在路由器与 VRRP 备份组的虚地址之间建立 ISAKMP 安全联盟的应用方案中，DPD 功能保证了 VRRP 备份组中主备切换时安全隧道能够迅速自动恢复。解决了 VRRP 备份组主备切换使安全隧道通信中断的问题，扩展了 IPSec 的应用范围，改善了 IPSec 协议的健壮性。该功能符合 RFC3706、RFC2408 的要求。

1. 概念介绍

（1）DPD 数据结构。DPD 数据结构（简称 DPD 结构）用于配置 DPD 查询参数，包括 DPD 查询时间间隔及等待 DPD 应答报文超时时间间隔。该数据结构可以被多个 IKE 对等体引用，这样用户不必针对接口一一进行重复配置。

（2）定时器。IPSec DPD 在发送和接收 DPD 报文中使用了两个定时器：Intervaltime 和 Timeout。Intervaltime：查询触发 DPD 的时间间隔，即若间隔一定时间没有收到对端 IPSec 报文，则触发 DPD 查询。Timeout：等待 DPD 应答报文的超时时间。

2. 运行机制

（1）发送端。当启动 DPD 功能后，若在 Intervaltime 定时器指定的时间间隔内没有收到对端的 IPSec 报文，且本端欲向对端发送 IPSec 报文，则 DPD 向对端发送 DPD 请求，并等待应答报文。若超过 Timeout 定时器设定的超时时间仍未收到正确的应答报文，则 DPD 记录失败事件 1 次。当失败事件达到 3 次时，删除 ISAKMP 安全联盟和相应的 IPSec 安全联盟。

对于路由器与 VRRP 备份组虚地址之间建立的 IPSec 安全联盟，连续 3 次失败后，安全隧道同样会被删除，但是当有符合安全策略的报文重新触发安全联盟协商时，会重新建立安全隧道。切换时间的长短与 Timeout 定时器的设置有关，Timeout 定时器设定的超时时间越短，通信中断时间越短（注意：超时时间过短会增加网络开销，一般情况下采用默认值即可）。

（2）接收端。收到请求报文后，发送响应报文。

12.1.4 IPSec 在 VRP 上的实现

IPSec 在 VRP 上的实现思路是通过 IPSec 对等体间对不同的数据流实施不同的安全保护（验证、加密或两者同时使用）。其中数据流的区分通过配置访问控制列表实现；安全保护所用到的安全协议、验证算法、加密算法和操作模式等均通过配置安全提议实现；数据流和安全提议的关联（即定义对何种数据流实施何种保护）、安全联盟的协商方式、对等体 IP 地址的设置（即保护路径的起/终点）、所需要的密钥和安全联盟的生存周期等均通过配置安全策略实现；最后在路由器接口上实施安全策略即完成了 IPSec 的配置。

（1）定义被保护的数据流。数据流是一组流量（Traffic）的集合，由源地址/掩码、目的地址/掩码、IP 报文承载的协议号、源端口号、目的端口号等来规定。一个数据流用一个访问控制列表定义，所有匹配一个访问控制列表规则的流量在逻辑上均作为一个数据流。一个数据流可以小到是两台主机之间单一的 TCP 连接，也可以大到是两个子网之间的所有流量。IPSec 能够对不同的数据流施加不同的安全保护，因此 IPSec 配置的第一步就是定义数据流。

（2）定义安全提议。安全提议规定了对要保护的数据流所采用的安全协议、验证或加密算法、操作模式（即报文的封装方式）等。

（3）定义安全策略或安全策略组。安全策略规定了对什么样的数据流采取什么样的安全提议。一条安全策略由“名字”和“顺序号”共同唯一确定。安全策略分为手动安全策略和 IKE 协商安全策略，前者需要用户手动配置密钥、SPI、安全联盟的生存周期等参数，在隧道模式下，还需要手动配置安全隧道两个端点的 IP 地址；后者则由 IKE 自动协商生成这些参数。

安全策略组是所有具有相同名字、不同顺序号的安全策略的集合。在同一个安全策略组中，顺序号越小的安全策略，优先级越高。

（4）接口实施安全策略。在接口上应用安全策略组，安全策略组中的所有安全策略都同时应用在这个接口上，进而实现对流经这个接口的不同的数据流进行不同的安全保护。

12.2 IPSec 配置

IPSec 的配置主要包括创建访问控制列表、创建安全提议、创建安全策略、配置安全策略模板和在接口上应用安全策略。

12.2.1 创建访问控制列表

IPSec 使用扩展访问控制列表判断哪些报文需要保护哪些报文不需要保护。用于 IPSec 的访问控制列表的作用不同于在防火墙中所介绍的访问控制列表的作用。一般的访问控制列表可以决定一个接口上哪些数据可以通过而哪些数据不可以通过；而IPSec是根据访问控制列表中的规则来确定哪些报文需要安全保护而哪些报文不需要安全保护的，故用于IPSec的访问控制列表可以称为安全访问控制列表。安全访问控制列表匹配（Permit）的报文将被保护，安全访问控制列表拒绝（Deny）的报文将不被保护。安全访问控制列表既可用于加密入口数据流，又可用于加密出口数据流。

在本地端和远程端路由器上定义的安全访问控制列表必须是相对应的（即互为镜像），这样在某端加密的数据才能在对端上被解密。例如：

本地端的配置如下。

```
[Router] acl number 3101
[Router-acl-adv-3101] rule 1 permit ip source 10.1.1.0 0.0.0.255 destination 192.168.1.0 0.0.0.255
```

远程端的配置如下。

```
[Router] acl number 3101
[Router-acl-adv-3101] rule 1 permit ip source 192.168.1.0 0.0.0.255 destination 10.1.1.0 0.0.0.255
```

当用户使用 `display acl all` 命令查看路由器的访问控制列表时，所有扩展IP访问控制列表都将显示在命令的输出中，即同时包括了用于通信过滤和用于加密的扩展IP访问控制列表，该命令的输出信息不区分这两种不同用途的扩展访问控制列表。

12.2.2 创建安全提议

安全提议保存IPSec需要使用的安全性协议及加密/验证算法为协商IPSec的安全联盟提供各种安全参数。为了能够成功地协商IPSec的安全联盟，两端必须使用相同的安全提议。安全提议的配置包括以下几个方面。

（1）定义安全提议。

（2）选择安全协议。

（3）选择安全算法。

（4）设置安全协议对IP报文的封装模式。

1. 定义安全提议

安全提议是用于实施IPSec保护而采用的安全协议、算法、报文封装形式的一个组合。一条安全策略通过引用一个或多个安全提议确定采用的安全协议、算法和报文封装形式。在安全策略引用一个安全提议前，这个安全提议必须已经建立。最多能够创建50个安全提议。可对安全提议进行修改，但对于已协商成功的安全联盟，新修改的安全提议并不起作用，即安全联盟仍然使用原来的安全提议（除非使用 `reset ipsec sa` 命令重置），新协商的安全联盟将使用新的安全提议。

创建安全提议并进入安全提议视图。

```
[Router] ipsec proposal proposal-name
```

删除安全提议。

```
[Router] undo ipsec proposal proposal-name
```

2. 选择安全协议

选择安全提议采用的安全协议。目前可选的安全协议有 AH 和 ESP，也可指定同时使用 AH 与 ESP。安全隧道两端所选择的安全协议必须一致。

设置安全提议采用的安全协议。

```
[Router-ipsec-proposal-pro1] transform {ah | ah-esp | esp}
```

恢复默认的安全协议。

```
[Router-ipsec-proposal-pro1] undo transform
```

默认情况下采用 ESP 协议，即 RFC2406 规定的 ESP 协议。

3. 选择安全算法

不同的安全协议可以采用不同的验证算法和加密算法。目前，AH 支持 MD5 和 SHA-1 验证算法；ESP 协议支持 MD5、SHA-1 验证算法和 DES、3DES、AES 加密算法。

配置 ESP 协议采用的加密算法。

```
[Router-ipsec-proposal-pro1] esp encryption-algorithm {3des | des | aes-128|
aes-192 | aes-256}
```

配置 ESP 协议不对报文进行加密。

```
[Router-ipsec-proposal-pro1] undo esp encryption-algorithm
```

配置 ESP 协议采用的验证算法。

```
[Router-ipsec-proposal-pro1] esp authentication-algorithm {md5 | sha1 |
sha2-256}
```

配置 ESP 协议不对报文进行验证。

```
[Router-ipsec-proposal-pro1] undo esp authentication-algorithm
```

配置 AH 协议采用的验证算法。

```
[Router-ipsec-proposal-pro1] ah authentication-algorithm {md5 | sha1 |
sha2-256}
```

恢复 AH 协议默认的验证算法。

```
[Router-ipsec-proposal-pro1] undo ah authentication-algorithm
```

ESP 协议允许对报文同时进行加密和验证或只加密或只验证。注意，`undo esp authentication-algorithm` 命令不是将验证算法恢复为默认算法，而是将验证算法设置为空，即不验证。当加密算法为空时，`undo esp authentication-algorithm` 命令失效。AH 协议没有加密功能，只对报文进行验证。`undo ah authentication-algorithm` 命令用来恢复 AH 协议默认验证算法（MD5）。在安全隧道的两端设置的安全策略所引用的安全提议必须设置成采用同样的验证算法和/或加密算法。

VRP 中 ESP 协议支持的安全加密算法有三种：DES、3DES 和 AES；支持的安全验证算法有 MD5 和 SHA-1。VRP 中 AH 协议支持的验证算法有 MD5 和 SHA-1 两种。

默认情况下，ESP 协议采用的加密算法是 DES，采用的验证算法是 MD5；AH 协议采用的验证算法是 MD5。

4. 设置安全协议对 IP 报文的封装模式

在安全提议中需要指定报文封装模式，安全隧道的两端所选择的 IP 报文封装模式必须一致。

设置安全协议对 IP 报文的封装形式。

```
[Router-ipsec-proposal-pro1] encapsulation-mode {transport | tunnel}
```

恢复默认报文的封装形式。

```
[Router-ipsec-proposal-pro1] undo encapsulation-mode
```

通常，在两个安全网关（路由器）之间的通信总使用隧道模式，而在两台主机之间的通信，或者是一台主机和一个安全网关之间的通信选择传输模式。注意，默认值为隧道模式。

12.2.3 创建安全策略

1. 用手动方式创建安全策略

（1）创建安全策略。一旦安全策略创建，就不能再修改它的协商方式。例如，创建了手动方式的安全策略，就不能修改成 IKE 协商方式，而必须先删除这条安全策略然后再重新创建。

用手动方式创建安全策略。

```
[Router] ipsec policy policy-name seq-number manual
```

删除安全策略。

```
[Router] undo ipsec policy policy-name [seq-number]
```

具有相同名字、不同顺序号的安全策略共同构造一个安全策略组，在一个安全策略组中最多可以设置 100 条安全策略。并且所有安全策略的总数不能超过 100 条。在一个安全策略组中，顺序号越小的安全策略，其优先级越高。默认情况下没有安全策略存在。

（2）在安全策略中引用安全提议。安全策略通过引用安全提议确定采用的安全协议、算法和报文封装形式。在引用一个安全提议前，该安全提议必须已经建立。

配置安全策略所用的安全提议。

```
[Router-ipsec-policy-manual-pol1-10] proposal proposal-name
```

取消安全策略引用的安全提议。

```
[Router-ipsec-policy-manual-pol1-10] undo proposal
```

通过手动方式建立安全联盟，一条安全策略只能引用一个安全提议，若已经设置了安全提议，则必须先删除原有的安全提议才能设置新的安全提议。在安全隧道两端设置的安全策略所引用的安全提议必须采用同样的安全协议、算法和报文封装形式。

（3）在安全策略中引用访问控制列表。对安全策略引用访问控制列表而言，IPSec 根据该访问控制列表中的规则确定哪些报文需要安全保护而哪些报文不需要安全保护，即访问控制列表匹配的报文被保护，访问控制列表拒绝的报文不被保护。

配置安全策略引用的访问控制列表。

```
[Router-ipsec-policy-manual-pol1-10] security acl acl-number
```

取消安全策略引用的访问控制列表。

```
[Router-ipsec-policy-manual-pol1-10] undo security acl
```

一条安全策略只能引用一个访问控制列表，若设置安全策略引用了多于一个访问控制列表，则只有最后配置的那条访问控制列表才有效。

（4）配置隧道的起点与终点。通常人们把应用安全策略的通道称为安全隧道。因为安全隧道建立在本端和对端网关之间，所以必须正确设置本端地址和对端地址才能成功地建立一条安全隧道。

配置安全策略的本端地址。

```
[Router-ipsec-policy-manual-pol1-10] tunnel local ip-address
```

配置安全策略的对端地址。

```
[Router-ipsec-policy-manual-pol1-10] tunnel remote ip-address
```

删除在安全策略中配置的本端地址。

```
[Router-ipsec-policy-manual-pol1-10] tunnel local
```

删除在安全策略中配置的对端地址。

```
[Router-ipsec-policy-manual-pol1-10] undo tunnel remote
```

对手动安全策略而言，必须正确配置本端地址和对端地址才能成功地建立一条安全隧道，而 IKE 协商安全策略则不需要配置本端地址和对端地址，通过安全联盟自动协商可以获得。

（5）配置安全联盟的 SPI。此配置仅用于手动安全策略。用下列命令手动配置安全联盟的 SPI，进而实现手动创建安全联盟（对于 IKE 协商安全策略，无须手动配置，IKE 将自动协商安全联盟的 SPI 并创建安全联盟）。

配置安全联盟的 SPI。

```
[Router-ipsec-policy-manual-pol1-10] sa spi {inbound | outbound} {ah | esp}
spi-number
```

删除安全联盟的 SPI。

```
[Router-ipsec-policy-manual-pol1-10] undo sa spi {inbound | outbound}
{ah | esp}
```

在为系统配置安全联盟时，必须分别设置 inbound 和 outbound 两个方向安全联盟的参数。在安全隧道的两端设置的安全联盟参数必须是完全匹配的。本端入方向安全联盟的 SPI 必须和对端出方向安全联盟的 SPI 相同；本端出方向安全联盟的 SPI 必须和对端入方向安全联盟的 SPI 相同。

（6）配置安全联盟使用的密钥。此任务仅用于手动安全策略，用如下命令手动输入安全联盟的密钥（对于 IKE 协商安全策略，无须手动配置密钥，IKE 将自动协商安全联盟的密钥）。

配置协议的验证密钥（以十六进制方式输入）。

```
[Router-ipsec-policy-manual-pol1-10] sa authentication-hex {inbound |
outbound} {ah | esp} {cipher | simple} hex-key
```

配置协议的验证密钥（以字符串方式输入）。

```
[Router-ipsec-policy-manual-pol1-10] sa string-key {inbound | outbound}
{ah | esp} {cipher | simple} string-key
```

配置 ESP 协议的加密密钥（以十六进制方式输入）。

[Router-ipsec-policy-manual-pol1-10] **sa encryption-hex** {**inbound** | **outbound**} **esp** {**cipher** | **simple**} *hex-key*

删除设置的安全联盟的参数。

[Router-ipsec-policy-manual-pol1-10] **undo sa string-key** {**inbound** | **outbound**} {**ah** | **esp**}

[Router-ipsec-policy-manual-pol1-10] **undo sa authentication-hex** {**inbound** | **outbound**} {**ah** | **esp**}

[Router-ipsec-policy-manual-pol1-10] **undo sa encryption-hex inbound esp**

在安全隧道的两端设置的安全联盟参数必须是完全匹配的。本端入方向安全联盟的 SPI 及密钥必须和对端出方向安全联盟的 SPI 及密钥相同；本端出方向安全联盟的 SPI 及密钥必须和对端入方向安全联盟的 SPI 及密钥相同。

若分别以两种方式输入密钥，则最后设定的密钥有效。在安全隧道的两端，应当以相同的方式输入密钥。若一端以字符串方式输入密钥，而另一端以十六进制方式输入密钥，则不能正确地建立安全隧道。

2. 用 IKE 自动协商方式创建安全策略

IKE 协商安全策略的配置包括以下几个方面。

（1）创建安全策略。

用 IKE 自动协商方式创建安全策略。

[Router] **ipsec policy** *policy-name seq-number* **isakmp**

删除安全策略。

[Router] **undo ipsec policy** *policy-name* [*seq-number*]

用策略模板动态创建安全策略。

[Router] **ipsec policy** *policy-name seq-number* **isakmp template** *template-name*

若采用策略模板动态创建安全策略，则必须预先定义策略模板。

（2）配置安全策略中引用的安全提议。安全策略通过引用安全提议确定采用的安全协议、算法和报文封装形式。在引用一个安全提议前，该安全提议必须已经建立。

配置安全策略引用的安全提议。

[Router-ipsec-policy-manual-pol1-10] **proposal** *proposal-name*

取消安全策略引用的安全提议。

[Router-ipsec-policy-manual-pol1-10] **undo proposal**

通过 IKE 自动协商建立安全联盟，一条安全策略最多可以引用 6 个安全提议，IKE 将在安全隧道的两端搜索能够完全匹配的安全提议。若 IKE 在两端找不到完全匹配的安全提议，则安全联盟不能建立，这样需要被保护的报文将被丢弃。

（3）配置安全策略中引用的访问控制列表。对于安全策略引用访问控制列表，IPSec 根据该访问控制列表中的规则，确定哪些报文需要安全保护而哪些报文不需要安全保护，即访问控制列表匹配的报文被保护，访问控制列表拒绝的报文不被保护。

配置安全策略引用的访问控制列表。

[Router-ipsec-policy-manual-pol1-10] **security acl** *acl-number*

取消安全策略引用的访问控制列表。

```
[Router-ipsec-policy-manual-pol1-10] undo security acl
```

一条安全策略只能引用一个访问控制列表，若设置安全策略引用了多于一个的访问控制列表，则最后配置的那个访问控制列表才有效。

（4）配置安全策略中引用的 IKE 对等体。对于 IKE 协商安全策略，无须像手动创建安全策略那样配置对等体、SPI 和密钥等参数，IKE 将自动协商这些参数，因而仅需要将安全策略与 IKE 对等体关联即可。

在安全策略中引用 IKE 对等体。

```
[Router-ipsec-policy-manual-pol1-10] ike-peer peer-name
```

取消在安全策略中引用 IKE 对等体。

```
[Router-ipsec-policy-manual-pol1-10] undo ike-peer
```

（5）配置安全联盟的生存周期（可选）。

① 配置全局安全联盟生存周期。所有在安全策略视图下没有单独配置生存周期的安全联盟都采用全局生存周期。IKE 为 IPSec 建立安全联盟时，采用本地设置的和对端提议的生存周期中较小的一个。有两种类型的生存周期：基于时间的生存周期和基于流量的生存周期。无论哪一种类型的生存周期先到期，安全联盟都会失效。在安全联盟即将失效前，IKE 将为 IPSec 协商建立新的安全联盟，这样在旧的安全联盟失效时新的安全联盟已经准备好。

设置全局安全联盟生存周期。

```
[Router] ipsec sa global-duration {traffic-based kilobytes | time-based
seconds}
```

恢复全局安全联盟生存周期为默认值。

```
[Router] undo ipsec sa global-duration {traffic-based | time-based}
```

改变全局安全联盟生存周期既不会影响已经单独配置了自己的生存周期的安全策略，又不会影响已经建立的安全联盟，但是在以后的 IKE 协商中会用于建立新的安全联盟。生存周期只对通过 IKE 协商方式建立的安全联盟有效，对通过手动方式建立的安全联盟没有生存周期的限制，即手动建立的安全联盟永远不会失效。

② 配置安全联盟的生存周期。为安全策略设置单独的安全联盟生存周期，若没有单独设置生存周期，则采用设定的全局生存周期。

设置安全策略安全联盟的生存周期。

```
[Router-ipsec-policy-manual-pol1-10] sa duration {traffic-based kilobytes |
time-based seconds}
```

恢复使用设定的全局生存周期。

```
[Router-ipsec-policy-manual-pol1-10] undo sa duration {traffic-based |
time-based}
```

改变生存周期不会影响已经建立的安全联盟，但是在以后的 IKE 协商中会用于建立新的安全联盟。

（6）在协商时使用 PFS 特性（可选）。PFS（Perfect Forward Secrecy，完善的前向安全性）是一种安全特性，是指其中一个密钥被破解而不影响其他密钥的安全性，这是因为这些密钥间没有派生关系。此特性是通过在 IKE 阶段的协商中增加密钥交换来实现的。

配置在协商时使用的 PFS 特性。

```
[Router-ipsec-policy-manual-pol1-10] pfs {dh-group1 | dh-group2 | dh-group5 | dh-group14}
```

配置在协商时不使用 PFS 特性。

```
[Router-ipsec-policy-manual-pol1-10] undo pfs
```

其中，IKE 在使用此安全策略发起一个协商时，进行一次 PFS 交换。若本端指定了 PFS，则对端在发起协商时必须进行 PFS 交换。本端和对端指定的 DH 组必须一致，否则协商失败。dh-group1、dh-group2、dh-group5、dh-group14 能够依次提供更高的安全性，但是需要更长的计算时间。默认情况下不启用 PFS 特性。

12.2.4 配置安全策略模板

在采用 IKE 自动协商方式创建安全策略时，除直接在安全策略视图下直接配置安全策略外，还可以通过引用安全策略模板创建安全策略。在这种情况下，我们应先在安全策略模板中配置所有安全策略。安全策略模板的配置与普通的安全策略配置相似，即首先创建一个策略模板，然后配置模板的参数。

创建 IPSec 安全策略模板。

```
[Router] ipsec policy-template template-name seq-number
```

删除 IPSec 安全策略模板。

```
[Router] undo ipsec policy-template policy-template-name [seq-number]
```

执行以上创建命令后，会进入 IPSec 策略模板视图，在此视图下，可以配置策略模板的参数。在策略模板配置完成后，还需要使用如下命令引用所定义的策略模板。

```
[Router] ipsec policy policy-name seq-number template template-name
```

当某个安全策略引用了安全策略模板后，就不能再进入其安全策略视图下配置或修改安全策略了，只能进入安全策略模板视图下配置或修改安全策略。

12.2.5 在接口上应用安全策略组

为使定义的安全联盟生效，应在每个要加密的出站数据及要解密的入站数据所在接口（逻辑的或物理的）上都应用一个安全策略组，由这个接口根据所配置的安全策略组和对端加密路由器配合进行报文的加密处理。在安全策略组从接口上删除后，此接口便不再具有 IPSec 的安全保护功能。

在接口上应用安全策略组。

```
[Router-Serial0/0/0] ipsec policy policy-name
```

在接口上取消应用安全策略组。

```
[Router-Serial0/0/0] undo ipsec policy [policy-name]
```

一个接口只能应用一个安全策略组，一个安全策略组可以应用到多个接口上。但手动方式创建的安全策略只能应用到一个接口上。当从一个接口发送报文时，将按照从小到大的顺序号查找安全策略组中的每条安全策略。若报文匹配了一条安全策略引用的访问控制列表，则使用这条安全策略对报文进行处理；若报文没有匹配安全策略引用的访问控制列表，则继续查找下一条安全策略；若报文对所有安全策略引用的访问控制列表都不匹配，则报文直接被发送（IPSec 不对报文加以保护）。

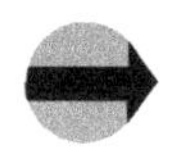

12.3 IPSec 显示与调试

1. IPSec 显示

IPSec 提供的相关命令及操作包括显示安全联盟、安全联盟的生存周期、安全提议、安全策略的信息及 IPSec 处理的报文的统计信息等，如表 12-1 所示。其中，display 命令可在所有视图下进行操作，debugging 命令只能在用户视图下操作。

表 12-1 IPSec 提供的相关命令及操作

操 作	命 令
显示安全联盟的相关信息	**display ipsec sa** [**brief** | **remote** *ip-address* | **policy** *policy-name* [*seq-number*] | **duration**]
显示 IPSec 处理报文的统计信息	**display ipsec statistics**
显示安全提议的信息	**display ipsec proposal** [*proposal-name*]
显示安全策略的信息	**display ipsec policy** [**brief** | **name** *policy-name* [*seq-number*]]
显示安全策略模板的信息	**display ipsec policy-template** [**brief** | **name** *policy-name* [*seq-number*]]
打开 IPSec 的调试功能	**debugging ipsec** {**all** | **sa** | **packet** [**policy** *policy-name* [*seq-number*] | **parameters** *ip-address protocol spi-number*] | **misc**}
禁止 IPSec 的调试功能	**undo debugging ipsec** {**all** | **sa** | **packet** [**policy** *policy-name* [*seq-number*] | **parameters** *ip-address protocol spi-number*] | **misc**}
打开 IKE DPD 调试开关	**debugging ike dpd**
关闭 IKE DPD 调试开关	**Undo debugging ike dpd**

2. 清除 IPSec 的报文统计信息

```
<Router> reset ipsec statistics {ah | esp}
```

此配置任务是清除 IPSec 的报文统计信息，即所有的统计信息都被设置成零。

3. 删除安全联盟

```
<Router> reset ipsec sa [remote ip-address | policy policy-name [seq-
number] | parameters dest-address protocol spi]
```

此配置任务是删除已经建立的安全联盟。若未指定参数，则删除所有的安全联盟。

对于通过 IKE 自动协商创建的安全联盟，安全联盟被删除后，若有报文重新触发 IKE，则 IKE 将重新自动协商创建安全联盟。对于手动创建的安全联盟，安全联盟被删除后，系统会根据手动设置的参数立即创建新的安全联盟。若已经指定参数 parameters，则由于安全联盟是成对出现的，因此删除了一个方向的安全联盟，另一个方向的安全联盟也随之被删除。

12.4 IPSec 典型配置举例

12.4.1 采用手动方式创建安全联盟的配置

1. 组网需求

在 RouterA 和 RouterB 之间建立一个安全隧道，对 HostA 代表的子网（10.1.1.0/24）与 HostB 代表的子网（10.1.2.0/24）之间的数据流进行安全保护。安全协议采用 ESP 协议，加密算法采用 DES，验证算法采用 SHA-1。

2. 组网图

IPSec 配置的组网图如图 12-2 所示。

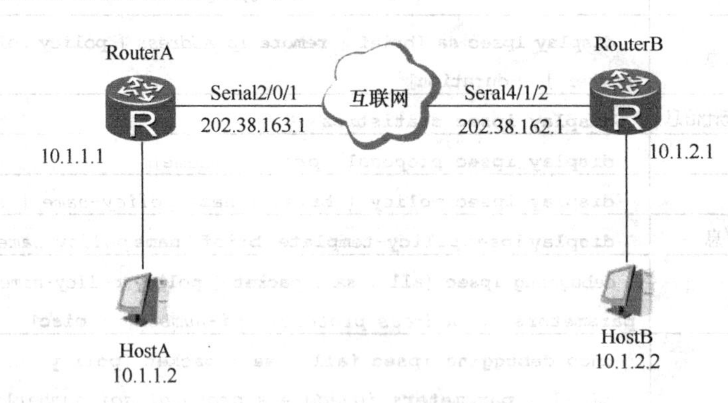

图 12-2 IPSec 配置的组网图

3. 配置步骤

（1）配置 RouterA。

```
#配置一个访问控制列表，定义由子网 10.1.1.0/24 到子网 10.1.2.0/24 的数据流
[RouterA] acl number 3101
[RouterA-acl-adv-3101] rule permit ip source 10.1.1.0 0.0.0.255 destination
10.1.2.0 0.0.0.255
[RouterA-acl-adv-3101] rule deny ip source any destination any
#配置到 10.1.2.0/24 网络的静态路由
[RouterA] p route-static 10.1.2.0 255.255.255.0 202.38.162.1
#创建名为 tran1 的安全提议
[RouterA] ipsec proposal tran1
#报文封装形式采用隧道视图
[RouterA-ipsec-proposal-tran1] encapsulation-mode tunnel
#安全协议采用 ESP 协议
[RouterA-ipsec-proposal-tran1] transform esp
#选择算法
[RouterA-ipsec-proposal-tran1] esp encryption-algorithm des
```

```
[RouterA-ipsec-proposal-tran1] esp authentication-algorithm sha1
#创建一条安全策略，创建方式为手动方式
[RouterA] ipsec policy map1 10 manual
#引用访问控制列表
[RouterA-ipsec-policy-manual-map1-10] security acl 3101
#引用安全提议
[RouterA-ipsec-policy-manual-map1-10] proposal tran1
#配置对端地址
[RouterA-ipsec-policy-manual-map1-10] tunnel remote 202.38.162.1
#配置本端地址
[RouterA-ipsec-policy-manual-map1-10] tunnel local 202.38.163.1
#配置 SPI
[RouterA-ipsec-policy-manual-map1-10] sa spi outbound esp 12345
[RouterA-ipsec-policy-manual-map1-10] sa spi inbound esp 54321
#配置密钥
[RouterA-ipsec-policy-manual-map1-10] sa string-key outbound esp simple
abcdefg
[RouterA-ipsec-policy-manual-map1-10] sa string-key inbound esp simple
gfedcba
#退回到系统视图
[RouterA-ipsec-policy-manual-map1-10] quit
#进入串口配置视图
[RouterA] interface serial 0/0/1
#配置串口的 IP 地址
[RouterA-Serial0/0/1] ip address 202.38.163.1 255.255.0.0
#在串口上应用安全策略组
[RouterA-Serial0/0/1] ipsec policy map1
```

（2）配置 RouterB。

```
#配置一个访问控制列表，定义由子网 10.1.2.0 到子网 10.1.1.0 的数据流
[RouterB] acl number 3101
[RouterB-acl-adv-3101] rule permit ip source 10.1.2.0 0.0.0.255
destination
10.1.1.0 0.0.0.255
[RouterB] rule deny ip source any destination any
#配置到 10.1.1.0 的静态路由
[RouterB] ip route-static 10.1.1.0 255.255.255.0 202.38.163.1
#创建名为 tran1 的安全提议
[RouterB] ipsec proposal tran1
#报文封装形式采用隧道模式
[RouterB-ipsec-proposal-tran1] encapsulation-mode tunnel
#安全协议采用 ESP 协议
[RouterB-ipsec-proposal-tran1] transform esp
#选择算法
[RouterB-ipsec-proposal-tran1] esp encryption-algorithm des
[RouterB-ipsec-proposal-tran1] esp authentication-algorithm sha1
#退回到系统视图
[RouterB-ipsec-proposal-tran1] quit
```

```
#创建一条安全策略，创建方式为手动方式
[RouterB] ipsec policy use1 10 manual
#引用访问控制列表
[RouterB-ipsec-policy-manual-use1-10] security acl 3101
#引用安全提议
[RouterB-ipsec-policy-manual-use1-10] proposal tran1
#配置对端地址
[RouterB-ipsec-policy-manual-use1-10] tunnel remote 202.38.163.1
#配置本端地址
[RouterB-ipsec-policy-manual-use1-10] tunnel local 202.38.162.1
#配置 SPI
[RouterB-ipsec-policy-manual-use1-10] sa spi outbound esp 54321
[RouterB-ipsec-policy-manual-use1-10] sa spi inbound esp 12345
#配置密钥
[RouterB-ipsec-policy-manual-use1-10] sa string-key outbound esp simple
gfedcba
[RouterB-ipsec-policy-manual-use1-10] sa string-key inbound esp simple
abcdefg
#退回到系统视图
[RouterB-ipsec-policy-manual-use1-10] quit
#进入串口配置视图
[RouterB] interface serial 0/0/2
#配置串口的 IP 地址
[RouterB-Serial0/0/2] ip address 202.38.162.1 255.255.0.0
#在串口上应用安全策略组
[RouterB-Serial0/0/2] ipsec policy use1
```

完成以上配置后，RouterA 和 RouterB 之间的安全隧道就建立好了，子网 10.1.1.0/24 与子网 10.1.2.0/24 之间的数据流将被加密传输。

12.4.2 采用 IKE 自动协商方式的创建安全联盟的配置

1. 组网需求

在图 12-2 中，在 RouterA 和 RouterB 之间建立一个安全隧道，HostA 代表的子网（10.1.1.0/24）与 HostB 代表的子网（10.1.2.0/24）之间的数据流进行安全保护。安全协议采用 ESP 协议，加密算法采用 DES，验证算法采用 SHA-1。

2. 组网图

IPSec 配置的组网图如图 12-2 所示。

3. 配置步骤

（1）配置 RouterA。

```
#配置一个访问控制列表，定义由子网 10.1.1.0/24 到子网 10.1.2.0/24 的数据流
[RouterA] acl number 3101
[RouterA-acl-adv-3101] rule permit ip source 10.1.1.0 0.0.0.255
destination
```

```
10.1.2.0 0.0.0.255
[RouterA-acl-adv-3101] rule deny ip source any destination any
#配置到10.1.2.0/24网络的静态路由
[RouterA] ip route-static 10.1.2.0 255.255.255.0 202.38.162.1
#创建名为tran1的安全提议
[RouterA] ipsec proposal tran1
#报文封装形式采用隧道模式
[RouterA-ipsec-proposal-tran1] encapsulation-mode tunnel
#安全协议采用ESP协议
[RouterA-ipsec-proposal-tran1] transform esp
#选择算法
[RouterA-ipsec-proposal-tran1] esp encryption-algorithm des
[RouterA-ipsec-proposal-tran1] esp authentication-algorithm sha1
#退回到系统视图
[RouterA-ipsec-proposal-tran1] quit
#配置IKE对等体
[RouterA] ike peer peer1 v2
[RouterA-ike-peer-peer1] pre-shared-key simple abcde
[RouterA-ike-peer-peer1] remote- address 202.38.162.1
#创建一条安全策略，创建方式为IKE自动协商方式
[RouterA] ipsec policy map1 10 isakmp
#引用访问控制列表
[RouterA-ipsec-policy-isakmp-map1-10] security acl 3101
#引用安全提议
[RouterA-ipsec-policy-isakmp-map1-10] proposal tran1
#引用IKE对等体
[RouterA-ipsec-policy-isakmp-map1-10] ike-peer peer1
#退回到系统视图
[RouterA-ipsec-policy-isakmp-map1-10] quit
#进入串口配置视图
[RouterA] interface serial 0/0/1
#配置串口的IP地址
[RouterA-Serial0/0/1] ip address 202.38.163.1 255.255.0.0
#在串口上应用安全策略组
[RouterA-Serial0/0/1] ipsec policy map1
#退回到系统视图
[RouterA-Serial0/0/1] quit
```

（2）配置RouterB。

```
#配置一个访问控制列表，定义由子网10.1.2.0/24到子网10.1.1.0/24的数据流
[RouterB] acl number 3101
[RouterB-acl-adv-3101] rule permit ip source 10.1.2.0 0.0.0.255
destination
10.1.1.0 0.0.0.255
[RouterB-acl-adv-3101] rule deny ip source any destination any
```

```
#配置到10.1.1.0/24网络的静态路由
[RouterB] ip route-static 10.1.1.0 255.255.255.0 202.38.163.1
#创建名为tran1的安全提议
[RouterB] ipsec proposal tran1
#报文封装形式采用隧道模式
[RouterB-ipsec-proposal-tran1] encapsulation-mode tunnel
#安全协议采用ESP协议
[RouterB-ipsec-proposal-tran1] transform esp
#选择算法
[RouterB-ipsec-proposal-tran1] esp encryption-algorithm des
[RouterB-ipsec-proposal-tran1] esp authentication-algorithm sha1
#退回到系统视图
[RouterB-ipsec-proposal-tran1] quit
#配置IKE对等体
[RouterB] ike peer peer1 v2
[RouterB-ike-peer-peer1] pre-shared-key cipher abcde
[RouterB-ike-peer-peer1] remote-address 202.38.163.1
#创建一条安全策略，创建方式为IKE自动协商方式
[RouterB] ipsec policy use1 10 isakmp
#引用访问控制列表
[RouterB-ipsec-policy-isakmp-use1-10] security acl 3101
#引用安全提议
[RouterB-ipsec-policy-isakmp-use1-10] proposal tran1
#引用IKE对等体
[RouterB-ipsec-policy-isakmp-map1-10] ike-peer peer1
#退回到系统视图
[RouterB-ipsec-policy-isakmp-use1-10] quit
#进入串口配置视图
[RouterB] interface serial 0/0/2
#配置串口的IP地址
[RouterB-Serial0/0/2] ip address 202.38.162.1 255.255.0.0
#在串口上应用安全策略组
[RouterB-Serial0/0/2] ipsec policy use1
#退回到系统视图
[RouterB-Serial0/0/2] quit
```

完成以上配置后，RouterA和RouterB之间若有子网10.1.1.0/24与子网10.1.2.0/24之间的报文通过，则将触发IKE自动协商建立安全联盟。IKE协商成功并创建了安全联盟后，子网10.1.1.0/24与子网10.1.2.0/24之间的数据流将被加密传输。

参考文献

[1] 华为技术有限公司. HCNA 网络技术实验指南[M]. 北京：人民邮电出版社，2016.

[2] 华为技术有限公司. HCNA 网络技术学习指南[M]. 北京：人民邮电出版社，2017.

[3] 危光辉. 网络设备配置与管理[M]. 北京：机械工业出版社，2016.

[4] 邱洋. 网络设备配置与管理（第 2 版）[M]. 北京：电子工业出版社，2018.

[5] 雷震甲. 网络工程师教程（第 5 版）[M]. 北京：清华大学出版社，2018.

[6] 韩立刚，李圣春，韩利辉. 华为 HCNA 路由与交换学习指南[M]. 北京：人民邮电出版社，2019.

[7] 周亚军. 华为 HCNA 认证详解与学习指南[M]. 北京：电子工业出版社，2017.

[8] 赵新胜，陈美娟. 路由与交换技术[M]. 北京：人民邮电出版社，2018.

[9] 刘丹宁，田果，韩士良.路由与交换技术[M]. 北京：人民邮电出版社，2017.

[10] 杭州华三通信技术有限公司. 路由与交换技术（第 1 卷）[M]. 北京：清华大学出版社，2015.

[11] 华为官网：http://www.huawei.com.cn/.

[12] 华三官网：http://www.h3c.com.cn/.

反侵权盗版声明

反侵权盗版声明